OSC クロニクル

オープンソース
カンファレンス年代記

持続可能なコミュニティの運営と考え方

宮原 徹 著

秀和システム

注意

・本書は内容において万全を期して制作しましたが、不備な点や誤り、記載漏れなど、お気づきの点がございましたら、出版元まで書面にてご連絡ください。

・本書の内容の運用による結果の影響につきましては、上記にかかわらず責任を負いかねます。あらかじめご了承ください。

・本書の全部または一部について、出版元から文書による許諾を得ずに複製することは禁じられています。

商標など

・本書に登場するシステム名称、製品名等は、一般に各社の商標または登録商標です。

・本書に登場するシステム名称、製品名等は、一般的な呼称で表記している場合があります。

・本書では ©、™、® マークなどの表示を省略している場合があります。

まえがき

　オープンソースカンファレンス（OSC）は、セミナーやブース展示を行うイベントですが、単にイベントとして人を集めて盛り上がろうというだけではなく、さまざまな考えを詰め込んで凝縮したものになっています。これまでも、いろいろな場でOSCの理念をお話してきましたが、2024年に開始から20年の節目を迎えるにあたり、書籍という形でOSCの理念をまとめました。理念といっても、わざわざ振りかざすものではなく、OSCのようなイベントに参加してもらうことで自然と感じ取れたり、場合によっては無意識のうちに身に付いている考え方のようなものなので、本書を読んで「ああ、そういうことだったのか」と再認識してもらえたら幸いです。

　また、単に理念だけを書いてもおもしろくはないので、20年間の歩みを振り返ってみました。これまでOSCに参加したことがある人はなつかしく思い出せるでしょうし、これから初めてOSCに参加する人は事前知識として知っておいてもらえると、OSCが何倍も楽しく感じられると思います。

　さらに、実用性を考えて、OSC開催をさまざまな立場で解説してみました。これからOSCを開催したいと思っている地域の人、OSCに類するイベントを企画開催する人の参考になればと考えています。

　20年間を振り返ってみると、本当にたくさんの人にOSCに関わってもらえたんだなと再認識しました。前半10年はがんばって開催を引っ張っていく感じでしたが、後半10年はあえて一歩引いた立場で調整役になることで、いろいろな人が自発的にOSCの開催に協力してもらえるようになり、「みんなのOSC」という形に変わっていけたと思います。そのような中で、2020年からの新型コロナウイルス感染症によってリアルイベント開催ができなくなり、オンライン開催に移行せざるを得なくなったときも、多くの人の協力で大変な3年間をなんとか乗り切ることができました。自己組織化されたメタ・コミュニティの実例としても興味深い集まりになっていると感じます。

そのような観点からも、ぜひOSCを参考にしてもらえたらと思います。特に、これから新しくコミュニティを立ち上げて活動していきたい人たちが参考にしてくれることを強く意識して執筆しました。「年長者は出しゃばらない」と書きましたが、OSC自体、私が経験したさまざまなことから、よいところはどんどん取り入れつつ、世の中では当たり前と思われているようなことでもイマイチであったり無駄と感じたりしたことは、あえて逆のパターンでやってきた面があります。むしろ、「OSCでやっていることこそイマイチ」と考えて、さらに違う形で実現してくれることを期待しています。

　OSC自体は、自律的なイベントとして、まだまだこれからも長期間続きそうです。でも、もしかしたら発展的解消を遂げて、さらに広い分野をカバーするイベントに変貌していくかもしれません。その1つの節目として、OSCというメタ・コミュニティが歩んできた20年を見ていただければと思います。

2024年7月
OSC事務局
宮原 徹

目 次

まえがき 003

第1部
OSCの20年を振り返る

第1章

OSCとは何か　017

1-1	セミナー	017
1-2	ブース展示	021
1-3	懇親会	026

第2章

オープンソースソフトウェアとは？　031

2-1	ソースコードの公開	031
2-2	オープンソースソフトウェアは自由	031
2-3	オープンソースソフトウェアは無保証・自己責任	033
2-4	オープンソースソフトウェアはコミュニティを中心に開発されている	034
2-5	なぜOSCが必要となったのか	034

005

第3章

OSCの20年 035

3-1	草創期 2004年〜2005年	035
3-2	発展期 2006年〜2013年	046
3-3	成熟期 2013年〜2020年	054
3-4	コロナによるオンライン化 2020年〜2023年	056
3-5	再発展期にしていくために 2023年〜	057
3-6	アンカンファレンス形式での開催	058

第2部

OSCの目的と成果

第4章

持続可能性の高い活動の習慣を 根付かせる 063

4-1	テーマの選定は広すぎず狭すぎず	064
4-2	イベントが「学びの場」であること	064
4-3	コミュニティが相互に補完し合う メタ・コミュニティの形成	065
4-4	コミュニティにマーケティングの手法を導入	066
4-5	お客さんを作らない構造	070

第5章

企業のオープンソースビジネスを支援　075

5-1　企業からはわかりにくい
オープンソースコミュニティ文化 075

5-2　目に見える貢献をしたい企業側の心理とバランス感 076

5-3　協賛金はお祭りの寄付金 077

5-4　プロモーションの基本を学ぶ学校としての役割 078

5-5　セミナーはβ版のネタ下ろしの場としての活用 078

5-6　人材採用を目的とした出展も増加 079

第6章

地方コミュニティの活性化と地域間交流　081

6-1　東京一極集中の解消 082

6-2　一過性の活動にはしない 082

6-3　OSC開催は地域立候補型 083

6-4　地域でコンテンツを持っている人の発掘 083

6-5　その地域と交流したい人の呼び込み 084

第7章

エンジニアに対する学びの場の提供　085

7-1	企業が教育を放棄した？	085
7-2	自助努力、自己責任の限界	086
7-3	学びにつながる「気づき」のきっかけ作り	086
7-4	継続的な学びと成果を いつかOSCで発表して欲しい	086

第3部

OSCに学ぶ
持続可能なコミュニティ

第8章

これからのコミュニティ活動　091

8-1	コロナ禍での活動の継続	091
8-2	オンラインイベント化による活動の継続	094
8-3	コロナ禍で考えたコミュニティ活動の本質	103
8-4	リアル開催への復帰	106
8-5	コロナ禍で得たコミュニティ運営の教訓	108

第9章

コミュニティの内輪感問題と世代間ギャップ　111

9-1　OSCは誰のためのものなのか......................................111
9-2　興味対象の変化.. 114

第10章

新たなコミュニティ形成　117

10-1　コミュニティの本質は自由でオープンであること 117
10-2　新しい酒は新しい皮袋に.....................................119
10-3　年長者は出しゃばらない.. 120

第4部

OSCの思い出

第11章

各開催地の思い出　125

11-1　北海道... 125
11-2　仙台... 127
11-3　岩手 128

11- 4	会津	129
11- 5	新潟	131
11- 6	群馬	133
11- 7	東京	133
11- 8	千葉	135
11- 9	浜松	136
11-10	名古屋	136
11-11	京都	136
11-12	大阪	138
11-13	神戸	138
11-14	香川	139
11-15	高知	139
11-16	愛媛	140
11-17	徳島	141
11-18	広島	142
11-19	島根	144
11-20	山口	146
11-21	福岡	146
11-22	大分	147
11-23	沖縄	147

第12章

寄稿「OSCと私」 149

12- 1	OSCと私の19年	149
12- 2	OSCと私と私の自作OS	152
12- 3	OSC参加・登壇・展示（2018〜2024）	157

12-4	オンライン登壇と、僕がOSCから受け取ったもの.....	162
12-5	鼎談：OSCがきっかけの出会いと baserCMSのはじまり...................	167
12-6	OSCとスポンサー企業としての私...................	174
12-7	四国でのOSC開催の歴史	176
12-8	島根とOSCと私	179
12-9	初めてのOSC	183
12-10	OSC山口開催まで	185
12-11	OSCと私 〜オンライン開催という経験を経て	188
12-12	切っても切り離せないOSCと自分との関係	191
12-13	OSCと私の20年	193
12-14	OSCの思い出	196
12-15	OSCで過ごした日々の思い出	201
12-16	OSCの愉しみは「前後」にアリ!?	202

第5部

OSC関連マニュアル

第13章

OSCの始め方マニュアル　　211

13-1	OSCの開催を決める	211
13-2	どんなOSCにするかを決める	213
13-3	会場候補を見つける	215
13-4	日程を検討する	218

13- 5	スポンサーを見つける	219
13- 6	OSC以外のイベントに参加する	219
13- 7	運営スタッフを見つける	220
13- 8	開催当日	221

第14章

OSC事務局のお仕事マニュアル　223

14- 1	開催日程の調整	223
14- 2	会場の予約	224
14- 3	Webサイトの作成	225
14- 4	出展申し込みシートの作成	226
14- 5	参加申し込みの受付	227
14- 6	備品の準備と発送	228
14- 7	印刷物の作成	229
14- 8	SNSによる情報発信	229
14- 9	アンケートの集計	230
14-10	開催レポートの作成	231

第15章

OSC開催当日のOSC事務局の仕事　233

15- 1	前日準備	233
15- 2	受付の設営	234
15- 3	展示会場の設営	235
15- 4	セミナー会場の設営	236

15- 5	導線案内の設置	236
15- 6	インターネット接続の準備	238
15- 7	開催中はトラブル対応	238
15- 8	懇親会の参加受付	238
15- 9	会場片付け	239
15-10	荷物発送	239
15-11	懇親会でOSC開催終了	240
15-12	イベントで用意しておきたいアイテムリスト	240

第16章

OSC出展マニュアル 245

16- 1	参加するOSCを決める	245
16- 2	出展のテーマを検討する	246
16- 3	セミナーの内容を検討する	246
16- 4	ブース展示の内容を検討する	248
16- 5	出展申請する	250
16- 6	宿泊の手配をする	250
16- 7	セミナー資料を準備する	250
16- 8	ブース展示用の備品を送付する	251
16- 9	開催日当日	251

第17章

OSC参加マニュアル　253

17- 1	参加するOSCを決める	253
17- 2	参加申し込みを行う	255
17- 3	事前情報の収集	255
17- 4	会場で受付をする	256
17- 5	セミナーに参加する	257
17- 6	ブース展示を回る	257
17- 7	ライトニングトークを聞く	258
17- 8	懇親会に参加する	258
17- 9	SNSで発信する	258
17-10	OSCに参加するときに持って行きたいもの	258

あとがき.. 262

OSC年表.. 287

第 1 部

OSCの20年を振り返る

Open Source Conference Chronicle

第1章

OSCとは何か

「オープンソースカンファレンス」（以下、OSC）は、オープンソースソフトウェアに関わるコミュニティと企業が一体になって開催しているイベントです。2004年9月に東京で第1回を開催した、2020年からのコロナ禍でオンライン開催に変更せざるを得なくなる時期もありましたが、20年の間、全国各地で230回以上開催してきました。

すでに参加している人にとっては説明はいらないかもしれませんが、これまでの歴史や経緯など、意外と知らないこともあるでしょう。また、参加したことがない人にとっては、最も知りたいことかもしれません。ともあれ、まずはOSCの概略を紹介していくことにしましょう。

OSCの開催形態としては、セミナー、ブース展示、そして懇親会で成り立っています。

1-1　セミナー

オープンソースソフトウェアに関わるさまざまなテーマのセミナーを開催します。基本的に、1枠は45分間です。1人の講師が講演する一般的なスタイルのセミナーから、何人かが短時間話すリレー形式、複数の登壇者が議論するパネルディスカッション形式など、そのセミナー枠を受け持つ企画担当が自由に使えるようになっています。

017

■ 2005年3月、第2回東京春開催のセミナー会場の様子。熱気を感じます。

■ パネルディスカッションの様子。真面目なテーマで議論します。

■ たくさんのセミナーを開催

　一般的なイベントでは、セミナーの数はそれほど多くありません。1部屋だけを用意して、場合によっては午後だけであったり、さらに短時間で2つか3つのセミナー枠しか開催しないような場合もあります。

OSCでは、確保したセミナー会場の数だけセミナーが並行して開催されます。最もオーソドックスな開催であれば、10時からセミナーをスタートして16時まで行うので、全部で1日6枠です。小さい規模のOSCでもセミナー会場を3つくらい用意するので、全部で18枠程度のセミナー開催となります。規模が大きいOSCであれば、同時に複数のセミナーが行われるので5トラック並行となり、1日では30枠程度のセミナーを開催します。

さらに大規模になると、それだけの会場を確保しても参加したいセミナーが同じ時間帯に重複してしまうので、2日間に分けて開催する場合もあります。2日間開催の場合、初日は金曜日にして主にビジネス向けのテーマとし、土曜日は趣味的でマニアックに技術的に深掘りしていくようなテーマのセミナーを開催するようにして、それぞれの開催日のカラーを出すようにしています。

開催は原則土曜日

OSCの開催は、原則として土曜日にしています。これは、OSCのメインターゲットであるエンジニアが、平日は業務の関係でイベントにゆっくりと参加できないためです。そのため、前述のように大規模開催で2日間開催の場合、メインは土曜日ですが、ビジネス向けのセミナーは金曜日にすることで、業務時間中でも参加できる人にターゲットを合わせるようにしています。

もちろん、土曜日は私用があったりして参加できないという声も聞きます。よくあるのが、子供の運動会その他の行事と重なってしまって参加できないという家庭の事情です。こればかりは日程をずらすこともできませんし、そちらを優先してくださいとしかいえませんが、熱心な人は用事が終わってから「少しでも」と会場に足を運んでくれたり、懇親会だけ参加してくれたりすることもあります。

会場の都合などで土曜日が確保できないため、日曜日に開催することもあります。ハッピーマンデー法のおかげで土日月と3連休になることも増えたので、3連休の中日の日曜日に開催するというパターンが多くなります。翌日月曜日もお休みなので開催もしやすいのですが、せっかくの3連休に2泊3日で出かけるということができなくなるので、このパターンも善し悪しですね。3連休に出かけても混んでるだけだし……という意見も多いようなので、これはこれでよいのかもしれません。

■ セミナーの締めはライトニングトーク大会

　通常、セミナープログラムは16時までに終了しますが、その後、参加者全員が集まってライトニングトーク（LT）大会を開催しています。ライトニングトークは、持ち時間5分間で話すのがルールとなっており、いろいろな人が次々と話していきます。通常のセミナーに比べると、真面目な話からくだらない話まで、話題が多岐に渡るのが特徴です。

　若手にとっては45分のセミナーはハードルが高いということで登竜門的な意味合いがありますし、ベテランにとっては如何に5分間で笑わせるかという腕の競い合いでもあります。また、OSC以外のイベントなどの告知の場ともなっているので、OSCの最後を締めくくるのに相応しい時間ともいえるでしょう。

■ 2014年6月、北海道での開催。最後のLTにもたくさんの人が参加してくれます。

1-2　ブース展示

　各出展者がソフトウェアやハードウェアのデモを見せたり、印刷物などを配布するブースを連ねて、来場者が自由に立ち寄って会話ができる展示会です。ビッグサイトなどで開催されている商業的な展示会のような大きなブースではなく、長机を1台から2台程度使ったブースとなっているので、同人誌即売会のようなものをイメージしてもらうとちょうどよいでしょう。

　OSCでは、このブース展示に力を入れていますし、会場選びもブース展示のためのスペースが確保できるかどうかということを重要な基準にしています。

■ 2005年3月、第2回東京春開催のブース展示会場の様子。熱心に情報収集を行う人が集まりました。

■ 2005年3月、第2回東京春開催の筆者（中央）。ViMasterというviタイピングソフトを展示。

■ ブース展示は会場確保が大変

　ブース展示が並ぶ会場は出展者と来場者が賑やかに会話しているので、まさに「カンファレンス」に相応しいものとなります。セミナーの登壇者はブースを構えることも多く、ブース展示だけの出展者もいるので、開催規模が小さい場合でも20ブース程度、規模が大きい場合には100ブース近くの展示が並びます。展示会場は、長机を並べるだけではなく、ブース内で座るスペースや広い通路なども確保する必要があるため、それなりの面積を要することになり、会場選びも一苦労です。

　普通に会場を選ぼうとすると、商業的な貸出施設では費用が高すぎて開催コストが合わなくなってしまいます。そこで、公共施設や学校施設をお借りして開催することが多くなります。

■ 公共施設をお借りしての開催

　公共施設は、自治体などが各種イベントを開催できるように保有している施設です。たとえば東京都の場合、23ある区がそれぞれ施設を保有しており、安く借りることができます。そのため、使いやすい施設は予約が取りにくく、また予約開始も1年前からということで、計画的に会場を押さえて開催していく必要があります。

OSCでは、東京では大田区産業プラザPiOや都立産業貿易センター台東館、名古屋の吹上ホール、大阪産業創造館などを借りて開催しています。

■ 大学や専門学校の校舎をお借りしての開催

多くの開催では、地域で情報系の学部学科のある大学や専門学校の協力を得て、校舎をお借りして開催するようにしています。セミナー会場は教室や講堂ですが、ブース展示は大教室から机を動かして広いスペースを作ったり、学生の休憩スペースや学生食堂、広いホールなどを使って開催しています。

OSCは「オープンソースの文化祭」を名乗っていますが、学校の校舎を使ったブース展示は、まさに文化祭や学園祭という感じで、とても楽しい雰囲気になります。

校舎をお借りすることで、その学校の在学生にもOSCに参加してもらいやすくなるなどのメリットも大きいので、可能であれば積極的に校舎をお借りするようにしています。

■ 明星大学には、何度もお世話になっています。

■ ブース展示ツアーの開催

　ブース展示は基本的に来場者が自由に展示会場内を回って、出展者と会話してもらうようになっていますが、初めてOSCに参加したような人にとっては、展示ブースで会話をするというのはなかなかハードルが高かったようです。そこで、そのような人を対象にしたブース展示ツアーを開催しています。

　参加希望者は毎回10名前後ですが、展示会場内のいくつかのブースを回って、説明を受けたり、ノベルティグッズをもらうなどして、ブース展示の楽しみ方を学んでもらいます。1回45分なので、もちろん全ての展示ブースを回り切ることはできませんが、解散後は再び自身で展示会場を回れる程度には慣れてくれるようです。ツアーガイドには各出展者をよく知っている筆者のほか、学生や若手の運営スタッフにがんばってもらうこともあります。

■ ブース展示ツアーの様子。いろいろなブースを紹介して回ります。

■ 展示会場内にプレゼンテーションコーナーを設置

　展示会場が十分に広い場合、会場の一角にスクリーンとプロジェクター、音響設備を設置し、プレゼンテーションが可能な場所を設けて、セミナープログラムの一部を展示会場内で実施するようにしています。

　参加者は主にセミナーを目的に来ることもあり、セミナー会場と展示会場が

離れていたりすると、なかなか展示会場に足を運んでもらえません。また、ブース展示に関わっている出展者もブースから離れるわけにもいかず、セミナー会場の様子がわからないということになります。

展示会場内にセミナーを開催する場所があれば、小規模でもよいのでプレゼンテーションコーナーを設置します。そうすれば、参加者は必要に応じてセミナー会場や展示会場からプレゼンコーナーまで移動すればよく、出展者も展示ブースに居ながらセミナーの雰囲気を感じられるというわけです。

■ 2006年6月、新潟の開催の様子。展示スペース内にシアターを設けてプレゼンをしています。講師は日本NetBSDユーザーグループの蛯原 純氏。

■ 見本書籍コーナーや書籍販売コーナーも設置

OSCのスポンサーとして、出版社からも多くの協賛をいただいています。そのような出版社から、オープンソースソフトウェアに関連する最新の刊行書籍を提供していただき、見本書籍コーナーとして実施に手に取って読めるようにしています。最近では書店も減っており、さらに技術書の書棚も縮小される傾向にあるため、最新の技術書を手に取って読める機会も減ってきています。東京はまだよいほうですが、地方都市に行くと書店の減少傾向が加速しているのを感じます。そのような状況なので、見本書籍コーナーは毎回、かなりの盛況となります。

また、会場によっては出版社による書籍販売コーナーを設けることがあります。最新刊を手に取って読めるほか、会場ならではの割引価格販売やグッズプレゼントなどもあるので、毎回好評をいただいています。

■ 書籍販売コーナーは毎回好評をいただいています。

1-3　懇親会

　セミナーやブース展示終了後、講師、出展者、参加者による懇親会が行われます。セミナーやブースで発表した内容に関する会話を中心に、活発な議論が交わされます。OSCの本番は懇親会にあるといっても過言ではないかもしれません。

　懇親会は、展示会場にケータリングサービスなどを使って食べ物や飲み物を持ち込んで行うこともあれば、別会場に移動することもあります。詳しくは、「第15章　OSC開催当日のOSC事務局の仕事」「第16章　OSC出展マニュアル」「第17章　OSC参加マニュアル」の懇親会に触れているところで、それぞれの立場での対応を参照してください。

■ 2015年10月、東京での懇親会。とても多くの人が参加してくれます。

地域開催は前夜祭から大盛り上がり

　OSCはさまざまな地域で開催していますが、それらの地域開催の場合、地元の人たちだけではなく、東京その他の地域から遠征して出展、参加する人たちも数多くいます。当然、前日から現地入りするため、それらの人たちと現地の主催側の人たちで前夜祭が開催されます。

　当日の懇親会に比べると人数も少なめになるので、現地の名物料理を食べさせてくれるお店などが会場に選ばれることも多く、この前夜祭に参加するのも遠征組の楽しみの1つだったりします。

　前夜祭で盛り上がりすぎて翌日のOSC当日は会場でグッタリなどということもたまにあったりするので、盛り上がりすぎないように注意が必要です。

全国で唯一、飲食店としてOSCのスポンサーになっている札幌すすきのの生ラムジンギスカンともつ鍋の店「石鍋亭」のマスターと。毎回、前夜祭でお世話になっています。

懇親会も、もちろん名物料理で

　前夜祭だけではなく、当日の懇親会でももちろん地元の名物料理を振る舞うことが多くなります。新鮮な魚介類であったり、たとえば北海道ならジンギスカンなどです。もちろん、それらの料理はとてもおいしいのですが、懇親会の主な目的はやはり会話なので、食事もそこそこに話し込んでしまう参加者がほとんどです。アルコールも入って声も大きくなりがちで、翌日には声がガラガラになってしまったといった報告が多数上がってきたりもしますが、懇親会での参加者同士の会話もOSCの大事な楽しみです。

第1章 OSCとは何か

■ 2011年9月、沖縄での懇親会。琉球風の内装で沖縄の料理を楽しみます。

■ 2011年9月、沖縄での懇親会。三線の演奏と歌のサービスで盛り上がります。

■ 懇親会に学生もたくさん参加してほしい

　懇親会はどうしても有料となるので、学生の皆さんの懐事情を考えると、参加しにくいこともあります。OSCでは、学生の皆さんもなるべく懇親会に参加してほしいので、学生割引を設定して参加のハードルを低くするようにしています。割引分は社会人の皆さんの参加費と懇親会にかかった費用のちょっとした差額を流用したり、有志からカンパを募って埋め合わせたりと、さまざまです。

　また、学校の校舎を会場としてお借りできた場合には、学生食堂に飲食の準備をお願いしたり、持ち込みの飲み物やおつまみを用意したりして、できるだけ費用を安く、参加費も安くする工夫をして、なるべく多くの学生の皆さんに懇親会まで参加してもらえるようにしています。

第2章
オープンソースソフトウェアとは？

　そもそも、OSCというイベントのメインテーマである「オープンソースソフトウェア」とは何でしょうか？　また、なぜOSCのようなイベントが必要とされるようになったのでしょうか？　すでに知っているという人も多いかもしれませんが、そういったことについても、おさらいしておきましょう。

2-1　ソースコードの公開

　オープンソースソフトウェアの一番の特徴は、コンピューターで動作するソフトウェアの元となる「ソースコード」が公開されていることです。オープンソースソフトウェアは我々の身近な場所や、インターネット上のさまざまなサービスを提供するために使用されています。たとえば、スマートフォンのOSとして使用されている「Android」も、ベースとなっているLinuxやその他のオープンソースソフトウェアの集合体です。

　オープンソースソフトウェアには、ソースコードの公開のほかにもいくつかの特徴があります。それらの特徴について全て解説すると本が1冊書けてしまう[1]ので、OSCに関係する点のみについて簡単に説明します。

2-2　オープンソースソフトウェアは自由

　オープンソースソフトウェアはソースコードが公開されているので、どのような動作をするのか、その内部の仕組みを全て見ることができます。そして、コンパイルという作業を行うことで、実際に動作するソフトウェアを生成、実行できます。

---

[1] 『オープンソースの教科書』（宮原 徹、姉崎 章博 著／ C & R研究所 刊／ ISBN978-4-8635-4358-4）などを参照してください。

ソースコードが公開されているので、その内容を修正したり、機能を追加したりすることもできますが、オープンソースソフトウェアではこれらの改変も自由に行えます。そのように改変したものを第三者に対して提供することも自由に行えます。このように、オープンソースソフトウェアは「ソフトウェアを自由に扱えるようにしよう」というのが基本的な考えです。

■ クローズドソースの不自由さを解消するために

OSSの普及以前は、ソフトウェアは企業が開発し、販売することで大きく成長してきた面があります。その代表的な例がマイクロソフトのような企業です。企業が開発、販売を行っている場合、ソフトウェアはその企業の重要な知的財産なので、当然のことながらソースコードは公開しません。「オープンソース」に対して、これを「クローズドソース」と呼びます。

ソースコードが公開されていなければ、内部的な仕組みを見ることはできませんし、必要な機能を追加することもできません。もし不具合（バグ）があったとしても、その企業が直してくれるのを待つしかなく、自分で直したくても直すことはできません。もちろん、その企業がソフトウェアの開発を続けることを止めてしまったら、手に入れることもできなくなります。このようなソフトウェアの不自由さを解消するために、ソースコードを公開して皆で自由に共有しようというムーブメントが生まれ、オープンソースソフトウェアという活動が行われるようになりました。

■ フリーソフトウェアとの関係

オープンソースソフトウェアという呼び方が広まる以前に、「フリーソフトウェア」と呼ばれるソフトウェアのムーブメントがありました。ここでいう「フリー」は、まさに「自由」という意味です。ただし、フリーソフトウェアはかなり厳格にソフトウェアの自由を定義していたので、もう少し定義を緩めて世の中に考え方を広めようとしたのがオープンソースソフトウェアだと捉えればよいでしょう。

2-3 オープンソースソフトウェアは無保証・自己責任

　オープンソースソフトウェアは、自由である反面、正常に動作することを誰かが保証してくれるわけではありません。オープンソースソフトウェアは無保証であり、使用においては自己責任が求められます。実は、クローズドソースのソフトウェアでも、その利用は無保証・自己責任なのですが、開発している企業が一定のサポートを提供するため、そうは見えないだけなのです。

　オープンソースソフトウェアにも技術的なサポートを行う有償のサービスが存在しているので、必要であればサポートサービスの契約を締結し、自己責任の度合いを軽減することはできます。

■ オープンソースソフトウェアは技術的に難しい？

　オープンソースソフトウェアは無保証、自己責任ということになっているので、利用するためには高度なスキルが必要と考えられていました。実際のところ、クローズドソースのソフトウェアのように開発元の企業が懇切丁寧に使い方を教えてくれたりするわけではありませんし、動くことが重要視されるので使いやすさを高めるための開発はあまり行われないなど、誰にでも扱えるものではなく、難しいというイメージがありました。

　また、オープンソースソフトウェアが普及したのは、インターネットサーバーなどのようにハードウェア、ソフトウェア、そしてネットワークと前提知識が普通よりも多く必要となる分野だったため、そもそもの条件としてスキルの高いエンジニアでないと扱えない面もありました。オープンソースソフトウェアだから難しいというわけではなく、スキルの高いエンジニアが使うのがオープンソースソフトウェアということが、誤解される形で認識されたのではないかと思います。このあたりは、OSCというイベントを開催しようと考えた動機と深く結び付いています。

　今ではオープンソースソフトウェアの扱い方に関する情報はインターネット上に豊富に存在していますし、定番のソフトウェアは改良が加えられてわかりやすくなってきていることもあって「オープンソースソフトウェア＝難しい」という先入観は薄れつつあるように思います。

2-4　オープンソースソフトウェアはコミュニティを中心に開発されている

オープンソースソフトウェアはソースコードが公開されているので、修正や改変は誰でも自由に行うことができます。もともとは1人の開発者が開発して公開したソフトウェアに、その他の開発者が協力を申し出て大きなソフトウェアとして成長していくことはオープンソースソフトウェアでは多くあることです。たとえば、オープンソースソフトウェアの代表例であるLinuxは、Linus Torvalds氏が開発してインターネット上に公開した最初のバージョンに興味を持ったその他の開発者が集まって開発が進められたものが発展し、今ではさまざまな場所でLinuxが使われるまでに成長しました。このように集まった開発者の集団を「コミュニティ」と呼びます。

現在では、企業が開発したソフトウェアをオープンソースにすることも珍しくはありませんが、そのような場合にも開発元の企業以外からも開発者を受け入れて、コミュニティとして開発を行いたいと考えることが多いようです。

■ さまざまなコミュニティ

コミュニティは、開発だけではなく、マニュアルなどを執筆する人たちや実際に使うユーザーなども含めた、多種多様な人たちで形成されています。それらを細かく区別するため、「開発者コミュニティ」「ユーザーコミュニティ」などと表現することもあります。

2-5　なぜOSCが必要となったのか

このように、オープンソースソフトウェアはとても自由度の高いソフトウェアですが、その反面、利用者に自己責任と高いスキルを要求するものでもあります。一言でいえば「ハードルが高い」と感じられやすいものです。

一方で、インターネットの普及によってオープンソースソフトウェアの需要は高まりつつありました。そこでオープンソースソフトウェアに関わるコミュニティや企業を集めて情報交換を行い、情報を必要とする人たちへの情報提供を行う「場」として、OSCを始めることにしたというわけです。

第3章

OSCの20年

オープンソースカンファレンスは、2004年9月に第1回を開催後、全国各地での開催を増やしていきました。ここでは、過去の開催を草創期、発展期、成熟期、コロナ禍によるオンライン化の時期、そして再発展期と分けて、これまでの20年を振り返ってみようと思います。

3-1　草創期 2004年〜2005年

2004年9月に東京で第1回を開催した後、2005年には東京での春と秋の2回、北海道と沖縄でも開催し、年4回のOSCを開催しました。この合計5回の開催で、その後20年間続いていくOSCの基本形が定まったといえ、重要な草創期です。実は20年経った今でも、この時期から参加してくれている出展者や参加者も多く、OSCというメタ・コミュニティが組成された時期といえるでしょう。

■ 主な開催

2004年 9 月　第1回 東京
2005年 3 月　第2回 東京
2005年 7 月　第3回 北海道
2005年 9 月　第4回 東京
2005年11月　第5回 沖縄

第1回が盛り上がったからこその20年

この5回を開催したころは、まだまだオープンソースソフトウェアがIT業界内でもマイナーな存在で、オープンソースソフトウェアコミュニティの活動も活発ではなかった時期でした。しかし、オープンソースソフトウェアに関わるコミュニティや企業が集まることで、何か大きな相乗効果が見込めるのではないかと考えて第1回の開催を企画しました。その結果、500名もの参加者を集めたことで即座に2回目の開催を決定し、2005年のうちに4回の開催という結果につながりました。このときの熱量が少なかったなら、2回目以降、そして20年間の開催継続はなかったかもしれません。

東京では、春と秋の2回開催しないと情報のアップデートが追いつかないほどにオープンソースソフトウェアが広まりつつある時期でした。この春秋2回開催は、20年近く経った現在でも続けられています。

第1回から学校の校舎をお借りしての開催

第1回を開催した会場は、東京・大久保にある日本電子専門学校の校舎でした。OSCを開催することでそれなりに出展者や参加者が集まるであろうことはかなり高い確度で予測はしていましたが、いきなり高額な費用がかかる会場を借りて開催することはリスクでした。また、スポンサー企業から高額の協賛金を集めて開催すると、長い目で見ると開催継続が難しくなることはわかっていました。そこで、できるだけ開催費用がかからない会場として専門学校の校舎をお借りしての開催となりました。

当時、専門学校でも学生の実習用環境にLinuxやオープンソースソフトウェアを活用する取り組みが始まっていたこともあり、学校の先生達もオープンソースソフトウェアの活動に好意的だったこと、また在学する学生にとってよい刺激になるだろうということで、快く会場をご提供いただきました。そして、このように会場をお借りして開催する実績を最初から作ったため、さまざまな地域での開催で、大学、専門学校の校舎を借りやすくなったのも大きなメリットでした。

■ 2005年9月、第4回東京秋開催の展示会場の様子。学生用の休憩スペースを展示会場としていました。

■ 出展者募集の告知文

次に示すのは開催を決めて出展者を募集した際の告知文です。ファイルのタイムスタンプは2004年5月14日となっているので、4か月前にはある程度開催のイメージが固まっていたことが見て取れます。また、この時点では主催者が株式会社びぎねっとになっていることもわかります。

```
「オープンソースカンファレンス2004
   ～ オープンソース文化祭 ～」開催のお知らせ

オープンソースに関わる全てのみなさんへ

オープンソースの普及発展において、オープンソースコミュニティが
大きな役割を果たしています。しかし、オープンソースコミュニティ
全体としての活動を行う機会はなかなかありませんでした。

そこで、オープンソースコミュニティによる、オープンソースコミュ
ニティのための、オープンソースコミュニティイベントを企画しました。
イベントテーマには「オープンソース文化祭」と題して、ブース展示や
BOFなどFace to Faceコミュニケーションを中心に、セミナー、パネル
ディスカッションなどオープンソースの「現在」を語り合うための場を
用意しました。思う存分、お互いの活動を報告し合い、オープンソース
の輪を広げていきましょう。

現在のところ、内容については完全に未定となっています。皆さんの
```

参加で成り立つイベントです。開催に向けて、是非ともご協力をお願い
いたします。

最新情報はWikiでどうぞ。
　http://www.ospn.jp/osc2004/

■開催概要
日時：2004年9月4日（土）10：00～18：00（予定）
会場：日本電子専門学校　新館（東京都新宿区・JR大久保駅徒歩2分）
内容：ブース展示（最新情報の展示をお願いします）
BOF（ラウンドテーブル形式でじっくりと語り合いましょう）
セミナー（デモを交えて情報提供したい場合にはこちら）
特別講演（じっくりとお話を聞きたい人はこれ）
パネルディスカッション（オープンソースの明日を語ろう）
懇親会（やっぱりこれがないとね）
参加費：未定（イベントTシャツ作成や資料代など？）

主催：株式会社びぎねっと　http://Begi.net

■各種募集要綱
現在、内容については完全に未定です。以下のカテゴリーでの催しを
企画していますが、その他アイデアがありましたら是非ともご提案
ください。
また、内容については未定でも構いませんので、まずは参加表明を
お願いします。
不明な点など、どしどしご質問ください。

●ブース展示　---
展示スペースにてブース展示を行っていただける出展者を募集します。

場所：会場2階オープンスペース、またはセミナー教室
机1つから～、形態は自由。ネットワーク利用可。電源供給可。
種別：法人・団体・個人
費用：法人は有料（カンファレンスへの協賛をお願いいたします）
団体・個人は無料

●BOF　---
BOFは特定のテーマに興味のある人がテーブルを囲んで自由に話をする
集まりです。BOFで話し合いたいテーマを募集します。ラウンドテーブル
形式ですので、プレゼンテーションなどの準備は不要です。

場所：会場2階オープンスペース、またはセミナー教室（40名収容）
種別：法人・団体・個人
費用：無料
時間：自由

テーマ例：
・各種オープンソースソフトウェア
・オープンソースライセンス
・オープンソースデスクトップ環境
・オープンソースビジネスとコミュニティ

●セミナー・発表 ---
特定のテーマに絞ったセミナー・発表を行いたい法人・グループ・
個人を募集します。会場にはネットワークおよびプロジェクターが
備え付けられているので、プレゼンテーションやデモンストレーションを
行っていただけます。
※ライトニングトークも開催を検討中。詳細は開催前に。

場所：セミナー教室（40名収容。ネットワーク・プロジェクター有り）
種別：法人・団体・個人
費用：法人は有料（カンファレンスへの協賛をお願いいたします）
団体・個人は無料
時間：50分。時間帯はプログラム編成による調整を行います。
備考：応募多数の場合には内容審査の上決定させていただきます。

●協賛 ---
開催にあたってご協賛いただける法人・団体を募集いたします。開催に
ご協力いただくと共に、協賛費用をお願いいたします。

協賛の種類や費用についてはお申し込みフォームにてお問い合わせくだ
さい。折り返し、詳細についてご案内いたします。

○協賛特典（例）
・ブース展示スペースとセミナー枠のご提供
・カタログスペースのご提供（ブース展示を行わない場合）
・Webおよび配布資料へのロゴ・社名等の表示
　　… その他、ご相談ください

●運営ボランティア ---
開催運営にご協力いただけるボランティアの方を募集いたします。開催
期日が近付きましたらご案内をさしあげますので、今しばらくお待ち
ください。

■お申し込み・お問い合わせ
各募集に関するお申し込みは、以下の書式にご記入の上メールにて
お願いします。
お申し込みにあたっては詳細未定でも構いません。

--- オープンソースカンファレンス2004 申込フォーム -----------
申込：展示・BOF・セミナー・協賛（問い合わせ）・その他
種別：法人・団体・個人
法人・団体名：
ご担当者名：
ご連絡先：e-mail:
TEL:
FAX:
概要：※展示・BOF・セミナーのお申し込みの場合には、簡単に
テーマ・概要をお知らせください。

ご不明な点などは以下までお気軽にお問い合わせください。

●問い合わせ先
株式会社びぎねっと　オープンソースカンファレンス2004　事務局
e-mail:event@Begi.net
TEL:03-xxxx-xxxx
FAX:03-xxxx-xxxx
担当：篠崎・宮原

※本メールは転送自由です。適当と思われるメーリングリストなどへの
転送をお願いいたします。

■ 初回開催の告知文

　そして、次に示すのは、初回開催の告知をメールで行った際の文面です。
参加している企業やコミュニティなどの名前もなつかしいですね。

2004年8月25日

『オープンソースカンファレンス2004』参加登録開始のお知らせ

オープンソースカンファレンス2004実行委員会

来る9月4日（土）に開催する『オープンソースカンファレンス2004』の参加登録
を開始したことをお知らせします。

本イベントは、オープンソースに関わるグループにより共同で開催される、本格
的なオープンソースコミュニティイベントです。参加グループの企画によるセミ
ナーやBOFはもちろん、海外からオープンソース開発者をお招きしての招待講演、
パネルディスカッション、展示コーナーなどオープンソースの現在を知っていた
だける催しとなっております。参加費用は無料です。また、運営ボランティアの
募集も行っております。

イベントの詳細および参加登録は以下のサイトをご覧ください。

　　　http://osc.ospn.jp/

奮ってご参加ください。

■開催概要
日時：2004年9月4日（土）10:00～17:00
会場：日本電子専門学校　新館（東京都新宿区・JR大久保駅徒歩2分）
　　　http://www.jec.ac.jp/sc_intro/sc_access.html
内容：セミナー（最新情報を聞きたい人向け）
　　　BOF（オープンソースについてじっくりと語り合いましょう）
　　　展示コーナー（最新情報の展示をお願いします）
　　　招待講演（オープンソースの最先端をお話いただきます）
　　　パネルディスカッション（オープンソースの明日を語ろう）
　　　懇親会（コミュニティ間で親睦を深めましょう）
参加費：無料

主催：オープンソースカンファレンス2004実行委員会／株式会社びぎねっと
共催：日本電子専門学校
協賛
Platinum Sponsor
・アップルコンピュータ株式会社
・NTTコムウェア株式会社
・サン・マイクロシステムズ株式会社

Gold Sponsor
・株式会社アルファシステムズ
・株式会社ワイズノット

Silver Sponsor
・株式会社アスキー
・株式会社インプレス
・株式会社オライリー・ジャパン
・株式会社技術評論社
・株式会社毎日コミュニケーションズ

後援
・日本Linux協会
・日本UNIXユーザ会
・独立行政法人 産業技術総合研究所（予定）
・独立行政法人 情報処理推進機構（予定）

参加グループ
・Fedora JP Project
・Firebird日本ユーザー会
・Jabber/stoneユーザ会合同設立準備会
・Linux萌え萌え大作戦
・linee（ラインイー）
・OpenOffice.org日本ユーザー会
・Plone研究会
・Squeak-ja
・TOSAオープンソース勉強会＋日本語Mailman
・XOOPSイベント実行委員会
・YLUG（横浜Linux Users Group）
・小江戸らぐ（小江戸Linuxユーザーズグループ）
・産業技術総合研究所 情報処理研究部門（KNOPPIX）
・日本Apacheユーザ会
・日本MySQLユーザ会
・日本PHPユーザ会
・日本PostgreSQLユーザ会
・日本Sambaユーザ会
・日本viユーザ会設立準備会
・日本Webminユーザーズグループ
・日本Zopeユーザ会
・日本電子専門学校オープンソース教育研究若手の会
・もじら組

■各種募集
●運営ボランティア ---
開催運営にご協力いただけるボランティアの方を募集しています。

ご不明な点などは以下までお気軽にお問い合わせください。

●問い合わせ先
株式会社びぎねっと オープンソースカンファレンス2004 事務局
e-mail:event @ Begi.net
TEL:03-xxxx-xxxx
FAX:03-xxxx-xxxx
担当：篠崎・宮原

※本メールは転送自由です。適当と思われるメーリングリストなどへの
転送をお願いいたします。

■ 当日配布したパンフレット

　当日、来場者に配布したパンフレットです。今から見ると、かなり雑な感じですが、手作り感はありますね。

■ パンフレットの表面（？）。山折りにして、表紙と裏表紙になります。

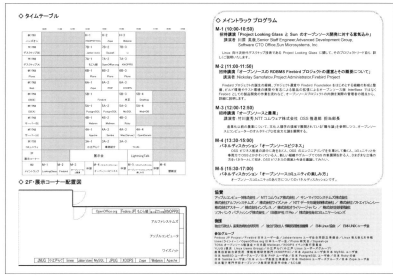

■ セミナーのタイムテーブルと展示ブースの案内図。今と比べると、かなりスッキリしていますね。

2年目は北海道と沖縄で開催

　北海道でのOSCは、この前年（2004年）に北海道独自にオープンソースソフトウェア関連のイベントが開催されたのを受けて、OSCを北海道で開催できないかという相談があり、開催に至ったという経緯があります。

　すでに地域独自のイベントが開催されていたことで、声をかけられるコミュニティやそのメンバーがわかっていたので、OSC北海道開催への準備はスムーズに進めることができました。

■ 2005年7月、第3回北海道開催の様子。セミナー会場が少なくてオープンスペースで車座形式。

　一方、沖縄は、もちろん現地で開催に協力してくれる人たちはいましたが、現地側の希望というよりも、私が沖縄で開催したら全国からたくさんの人が沖縄に集まってくれるのではないかと考えたところからスタートして開催しました。北海道で開催するなら、日本の南の端である沖縄で開催したらおもしろいかも……という程度のかなり軽いノリでした。

　このパターンは、その後OSCが開催地域を増やしていく際の「基本的に現地のコミュニティからの要請を受けて開催していく」というルールからすると、かなり例外的な開催なのですが、思ったように多くの出展者が沖縄まで飛んできてくれたので、これはこれでよかったのではないかと思います。

■ 2005年11月、第5回沖縄開催の様子。

■ イベントツーリズム

　北海道も沖縄も、イベントでのセミナー講演やブース出展だけでなく、イベント終了後に観光して楽しむ一種の「イベントツーリズム」を実現できないかと考えて、あえて日本の北の端と南の端での開催ということになりました。どちらも思惑通り、かなり多くの人が県道外から現地まで足を運んでくれることになったので、以後の開催でも観光とセットに出展者や参加者を勧誘するということを心がけるようになりました。沖縄では、出展者で集まってレンタカーを借りて美ら海水族館まで行ったりするなど、楽しい思い出が作れました。

　また、「OSCは、北は北海道から南は沖縄まで、日本全国で開催しています（嘘はついていない）」というフレーズが生まれることになりました。実際に、オセロの隅と隅を後から埋めるように、全国各地で開催される発展期に入っていきます。

3-2 発展期 2006年～2013年

　草創期を経て、OSCの基本形が定まった後は、東京一極集中を解消すべく、東京以外での地域のオープンソースソフトウェアに関わるコミュニティなどと連携し、開催を一気に全国に広げていきました。

　オープンソースソフトウェアが普及し始め、各地でオープンソースソフトウェアコミュニティの活動が始まってきた時期です。まだまだコミュニティというものが珍しく、また地方都市でのオープンソースソフトウェア関連のセミナーやイベントが珍しかった時期でもあり、OSCは新規性の高い取り組みとして各地域で受け入れてもらえました。発展期特有の熱気に包まれていた時期でもあります。

■ 主な開催

2006年 6月　第 7 回 新潟

2006年 6月　第 8 回 .DB

2007年 7月　第15回 関西（京都）

2007年12月　第19回 福岡

2008年 2月　第20回 大分

2008年 4月　第22回 長岡

2008年 9月　第27回 島根

2009年 1月　第31回 仙台

2009年 8月　第38回 名古屋

2009年11月　第41回 高知

2010年 3月　第45回 神戸

2010年 9月　Government（東京併催）

2011年 2月　第55回 香川

2011年 3月　第56回 東京春（来場者ピーク：2,100名）

2011年 5月　チャリティーセミナー

2011年 9月　会津

2011年10月　第64回 広島

2012年 3月　第71回 愛媛

2012年 4月　第72回 岩手
2012年12月　第85回 クラウド
2013年 2月　第86回 浜松
2013年 3月　第88回 徳島

■ 地域主導型の開催と事務局機能の確立

　たとえば、OSCの地域開催の先駆けとなった新潟では2005年にNPO法人新潟オープンソース協会が発足しており、その活動の一環として2006年にOSC新潟を開催しています。以後、途中お休みしている期間もありましたが、現在でも新潟県新潟市や長岡市で開催を継続しています。

■ 2006年6月、新潟の開催の様子。こぢんまりとした開催もまた楽しいですね。

■ 2006年6月、新潟の開催の様子。自作OS「OSASK」の開発をしている川合 秀実氏のデモに人が集まっています。

　新潟以後、さまざまな地域でOSCが開催されるようになっていきますが、基本的にはその地域で活動している地域コミュニティを主体として実行委員会を編成し、開催を企画するようにしています。ただし、コミュニティのメンバーは多くが本業のかたわらで活動をしているため、OSCの企画開催に多くの時間を割くことができません。

　そこでOSC事務局が出展者の募集や会場との調整、当日の運営などを受け持ち、地域の実行委員会はもっぱらコンテンツや当日スタッフとして動くという体制を確立しました。年に1回の開催では事務局を維持するのが難しいのですが、発展期には次々と新しい地域で開催されるようになり、非常に多忙な業務を抱えることになりました。そのような業務量に対応するため事務局機能も増強し、スタッフの数も多いときには常勤3名という体制になっていきます。

■ テーマ別開催を開始

　東京での開催は春秋2回の開催でしたが、オープンソースソフトウェア自体の発展期でもあるため、通常開催のOSCの枠に収まらないテーマでの開催も企画しています。たとえば、オープンソースとして開発されているソフトウェアで人気があるものとしてデータベースがあります。PostgreSQLやMySQL

などは、コストその他の理由でOracleなどの商用データベース製品から移行するユーザーが多い時期でもありました。そのため、「OSC.DB」というデータベース単独のテーマでの開催が企画されました。

■ 2006年6月に行われたOSC.DBの様子。エンタープライズ色が強い開催なので、プレゼン画面にもたくさんの企業ロゴが。

■ 2006年6月のOSC.DBの様子。

■ 2006年6月のOSC.DBの様子。

　データベースのほか、自治体でのオープンソースソフトウェア導入はヨーロッパなどが先行していましたが、日本でもそれに習おうということで「OSC.Government」、またクラウドとの関係を考える「OSC.クラウド」などを企画開催しています。

■ 2006年3月、IPAのOSSセンター長 田代 秀一氏の講演。行政でのOSS導入がホットな時期でした。

通常の開催をする際に、できるだけ同一テーマは同じ時間帯の裏番組にならないように配慮していますが、特に興味のあるテーマに絞り込んで開催することは参加する側にとっても目的が明確になるメリットがあります。一方で、雑然としたカオス状態の中から、たまたま見つけたおもしろいものが、その人のその後に大きく影響を与えてくるところもOSCでは数多く見てきたので、バランスよく上手に使い分けたい手法です。

■ リーマンショックと東日本大震災

　開催スケジュールには明確に現れていないのですが、2008年9月に起きたリーマンショック、そして2011年3月に発生した東日本大震災は、OSC開催にも大きな影響を及ぼしています。

　リーマンショックは、さまざまな企業にビジネス的な影響を及ぼしたため、マーケティング費用削減という形でOSCのようなイベントへの協賛・出展を取り止める動きが相次ぎました。これは、金銭面だけではなく、企業からのコンテンツ提供が減ってしまうということでもあり、セミナープログラムの編成やブース展示も寂しくなってしまうという影響が出てしまいました。

　一方、東日本大震災はビジネス的な影響はもちろん、社会的な不安の中で出張禁止などの制限を行う企業が多くありました。実際、東北から関東地方では計画停電など電力供給の制限が起きたり、さまざまな物資が不足するといった不安の中、遠く大分で開催したのを覚えています。

■ 2011年3月、大分での開催。両側がセミナー会場で、廊下部分でブース展示。九州なので東日本大震災の影響はそれほどありませんが、会場ではワンセグ携帯テレビを使って関東、東北の様子を常時確認しながらの開催となりました。

また、2011年4月には阪神淡路大震災に見舞われた経験のある神戸での開催、そして2011年5月には被災した仙台での開催が予定されていましたが、こちらも検討の上で開催することにしました。特に仙台へは移動は車で行い、会場となった東北電子専門学校では校舎のあちこちにひび割れなどが発生するなど、大地震の影響が色濃く残った状態での開催であったことを強く記憶しています。

■ 2011年5月、仙台での開催。東日本大震災の直後でしたが、何とか開催できました。

■ 2011年5月、仙台での開催。クライシスマッピングなどが話題になりました。

■ 2011年5月、仙台での開催。シビックテックが注目されるようになってきた時期です。

　これらの出来事は企画運営的に厳しいことになりましたが、辛抱強く開催を続けることで時間が解決してくれました。開始時点で協賛金に大きく頼る開催方針を採っていたら、このような天変地異の前には為す術もなかったでしょう。持続可能性を考える上で、最悪の事態に備えておく、次善策が採れるようにしておくことの重要性を改めて認識した時期となりました。

3-3　成熟期 2013年〜2020年

　OSC開催も100回を迎え、ほぼ毎月のように全国のどこかでOSCが開催されるようになってきました。オープンソースソフトウェアも企業の業務システムで当然のように使われるようになり、OSCとしても成熟期を迎えた時期といえます。オープンソースソフトウェアの企業利用に特化した「OSC.エンタープライズ」を企画開催しています。

■ 主な開催

2013年12月　第 99 回 エンタープライズ

2016年 5月　第129回 群馬

2017年 8月　ODC

2017年 9月　第147回 千葉

■ OSC以外のコミュニティイベントが多数開催されるように

　OSCが知れ渡ったことで安定して人が集まるようになりましたが、一方でマンネリ化することによる新味の無さからの参加者の緩やかな減少、内輪化などが進展していく時期に差し掛かりました。ネットでオープンソースソフトウェアに関する情報も十分入手できるようになったため、わざわざOSCのようなイベントに出かけて行かなくても大丈夫という状況にもなってきました。

　また、いわゆるコミュニティイベントが多く開催されるようになり、単体テーマの各種イベントが開催されることで参加者が分散していく傾向もこの時期から顕著になってきました。

　それでも、OSCを楽しんでくれる皆さんの熱意に支えられて、OSCを継続的に開催できるようになった時期でもあります。

■ オープンソースソフトウェア開発について考えるODC

　これまでのOSCはどちらかというと「オープンソースソフトウェアの利用」というユーザー視点での話が多かったのですが、オープンソースソフトウェアではコミュニティによる開発も重要なテーマです。そこで「オープンソースソフトウェアの開発」、あるいは「オープンソースソフトウェアを使ったシステムの開発」といった開発者視点で「Open Developers Conference」（ODC）というスピンオフ企画を2017年から開催しています。

　オープンソースソフトウェア開発コミュニティはグローバルに行われているため、そこでやり取りされているコミュニケーションは主に英語です。そのため、日本人には開発コミュニティへの参加のハードルが高くなってしまっているのは事実ですが、それでも少しずつオープンソースソフトウェアの中核開発者、いわゆる「コミッター」と呼ばれる人が出てきています。また、バグ修正や機能追加のためのパッチ提供という形でオープンソースソフトウェアに貢献（コントリビュート）する人もいます。そのような開発者の知見を共有するために、年1回ですがODCの開催を続けています。

また、ODCは、2017年から、それまで単独で開催されていた「LLイベント」[†1]と併催しています。各種開発言語は多くがオープンソースであるため、OSC/ODCと相性がよかったこともあり、併催するようになりました。

3-4　コロナによるオンライン化 2020年～2023年

2020年 2月　東京春中止
2022年 4月　第183回 オンライン春

　新型コロナウイルスのパンデミック発生により、予定していた東京での春開催を急遽中止せざるを得ませんでした。ただ、このままではパンデミックが終息した後に再開するのが難しくなると考え、オンラインでの開催に切り替えて開催を継続しました。当初は2年程度で終息すると考えていましたが、結局は3年にも及び、かつ完全に終息したわけではありません。とはいえ、何とか危機的な状況を乗り越えられた時期です。

■ 苦渋の決断による開催中止

　2020年の春の東京は、新型コロナウイルスの状況をにらみながらギリギリまで可否の判断を検討していましたが、最終的に1週間前に中止を決定しました。2月下旬ということで、まだそれほど感染が広がっているわけではありませんでしたが、感染予防や感染時の対策について十分に社会的な合意ができていない中で開催を強行しても、何かあったときに問題が大きくなると考えた苦渋の決断でした。

■ オンライン開催へ舵を切る

　東京春開催の中止により、それ以後の開催も中止せざるを得なくなりましたが、コミュニティ活動は一旦停止してしまうと人と人のつながりが希薄になってしまい、その後の再開が非常に困難になってしまいます。そこでオンライン開催の準備を整え、中止から2か月後に「OSCオンライン」というフルオンラインでの開催にこぎ着けました。

---

†1　日本UNIXユーザ会が2003年から毎年開催しているイベント。当初は、LLは「Lightweight Language」の略で、スクリプト系の軽量プログラミング言語を対象としていた。ODCと併催するようになった2017年からは「Learn Languages」と改称し、さまざまな言語を学ぼうという主旨で開催されている。https://ll.jus.or.jp/

あまりにも急だったために事前の準備は何もありませんでしたが、開催中止後2週間ほど集中的にオンライン開催のためのツールを検証する時間が確保できたのが幸いでした。いろいろな人からの協力も得て、Zoom ミーティング+YouTube Live というツールの組み合わせや運用方法も確立でき、オンライン開催が可能になりました。また、開催後に講演動画をアーカイブ化することで、従来のリアル開催よりもたくさんの人に講演内容を見てもらえるようになるなど、副次的なメリットがあったのも収穫でした。

その後、ほかのコミュニティのオンラインイベントにも開催ノウハウを提供することができたのも、大きな成果といえるかもしれません。

3-5　再発展期にしていくために 2023年～

2023年 4 月 OSC 東京春

コロナの影響からオンライン開催を余儀なくされてきましたが、2023年4月からリアル開催を復活させました。まずはブース展示のみの開催で、セミナーはオンラインで別日程で開催するという併用方式でしたが、2023年後半からはセミナー数が少ない構成でのセミナーとブース展示併用、さらに小規模な懇親会も開催するなど、徐々にですがコロナ前の状況に戻しつつあります。

■ オンラインのメリットを活かしながらの併用開催も継続

残念ながら東京での開催はセミナー数が多く、会場を確保するには大学や専門学校の校舎を借りる必要があるため、現時点ではセミナーはオンラインの併用方式が続いています。しかし、オンラインの場合には会場確保の制限が緩いこと、講演内容をアーカイブして後から試聴できることなどのメリットもあるため、主要なセミナーが集まる開催としてオンラインコンテンツの充実を図ることができます。

東京開催は、ブース展示のみとし、春秋の年2回地域を絞らずオンライン開催を行うというスタイルが当分は続きそうです。とはいえ、2025年春からは、セミナー＋ブース展示でのリアル開催となるように調整を進めているところです。

3-6　アンカンファレンス形式での開催

　ここまでOSCの話をしてきましたが、テーマ別開催などとは別のスピンオフ企画としてアンカンファレンス形式での開催となるオープンソースアンカンファレンス（OSunC：Open Source unConference）があります。アンカンファレンスとは、事前にセミナープログラムをきっちりと決める形ではなく、日時と場所だけを決めておいて、当日その場で発表希望者を募り、次々と話をしていくスタイルです。

　OSunCを初めて開催したのは、2013年8月の川越での開催からです。第1回のOSCから出展者として参加している埼玉県川越市を中心とした地域コミュニティ「小江戸らぐ（小江戸Linuxユーザーズグループ）」を中心に開催されました。OSunC川越は新型コロナウイルス感染症の影響で一時中断はしていましたが、現在でも開催が継続されています。

■ 2013年8月のOSunC川越終了時の記念撮影の1コマ。

また、2014年11月には、OSC福岡の翌々日に鹿児島にてOSunC鹿児島を開催しました。この際にはOSC福岡のために九州に居た県外からの参加者と地元の参加者が集まってアンカンファレンスを楽しみました。

■ 2014年11月、OSunC鹿児島の様子。プロジェクター付きのカラオケルームを借りて飲みながらLTを行いました。

　フルサイズのOSCを開催するのは大変ですが、アンカンファレンス形式ならば開催の手間はかなり少なくなります。今後、まだOSCを開催していない地域でOSunCを開催していくのもよい方策かもしれません。

第 **2** 部

OSCの目的と成果

Open Source Conference Chronicle

第4章
持続可能性の高い活動の習慣を根付かせる

　オープンソースカンファレンスを2004年にスタートし、20年間継続して開催してきました。20年間の間、いろいろなことがあり、変化に対応して変えてきたところもありますが、根本的な部分ではあまり大きく変えずに来れたのではないかと思います。

　OSCを始めるにあたって、最も考えたのは「持続可能性」です。私は20代に大手外資系ソフトウェア企業で製品マーケティングに携わっていたため、業務として大規模な商業イベントの企画運営などに関わっていました。また、独立後も同様の商業イベント全体のアドバイザーとして企画に参画していました。

　その際に感じていたのは、特に商業的なイベントの場合、そのときに流行っているトピックをテーマにして開催しなければならないということです。そのトピックが長持ちすればイベント開催は数年続きますが、そのようなことはまれで、1回だけ開催か、せいぜい2、3回開催して終わりになります。旬な情報の交換を目的とすれば有意義ですが、その場に集まる人たちはその都度集合離散を繰り返すことになり、蓄積となるものはほとんどありません。これは大きな損失です。

　このような経験から、自分で始めるイベントは、打ち上げ花火のようなものではなく、3年、5年、10年……と継続して開催でき、人的な蓄積が行えることを目標としました。その実現のために採り入れた手法などを紹介していこうと思います。

4-1　テーマの選定は広すぎず狭すぎず

　イベントにはテーマ設定が必要です。広いテーマだとそれだけ参加者も増え
ますが、ぼやけてしまって却って参加者が集まらなかったりします。逆にテー
マを絞り込むと明確にはなりますが、参加者の層も狭くなってしまいます。

　OSCは、「オープンソース」というやや広めのテーマを設定しました。また、
技術や製品といった軸ではなく、ある種の哲学（フィロソフィー）に近いもの
をテーマに設定し、参加する人の「共有したい」という想いを軸にすることに
しました。このテーマ設定の仕方は、イベントの実現方法など、さまざまなと
ころでの考え方や迷ったときの判断基準となっていきます。

4-2　イベントが「学びの場」であること

　OSCには「オープンソースの文化祭」というキャッチフレーズを付けていま
すが、一種の学びの場であることを目指しています。これは、セミナーを受講
して学ぶということではなく、出展などの「OSCを行う側」を通じて学ぶとい
うことを指しています。

　たとえば、ブース展示という形でデモなどのさまざまなものを見せること
や、来場者への対応を行うことを通じた学びです。ビジネスの実務では、商業
的な展示会などでブース展示をすることもありますが、経験もなくそのような
場に出ても何をしてよいかわからずに終わるでしょう。商用イベントであれば
出展費用もそれなりにかかりますが、みすみすドブに捨てるようなものです。
OSCへのブース出展は、費用その他の面でハードルが低いことや、すでに出展
している企業や団体などを参考にして出展できるので、これまでイベント出展
をしたことがなかった企業や団体が初めて出展するのにちょうどよいイベント
となっています。

　セミナーも同様です。講演内容のテーマ設定や資料作成、そして実際のセミ
ナー講演など、ビジネスはもちろん、学生でも論文発表などの機会があるわけ
で、大きな学びになると考えます。

　このように、OSCが出展者側にとっても学びの場となることで、単にOSCが
多くの集客をしたり盛り上がったりだけにとらわれず、OSCという学びの場で

会得したものをそれぞれの企業や団体、そして個人が別の活動において役立てられることがOSC自体の目的であり、役目であると考えています。

4-3 コミュニティが相互に補完し合うメタ・コミュニティの形成

OSCはオープンソースのコミュニティ、企業、団体が集まって開催していますが、OSC自体が一種のコミュニティ、つまり「メタ・コミュニティ」を形成していると捉えています。

OSCの開催を始める前の5年間くらいは、Linuxを始めとしたオープンソースソフトウェアが普及を始めており、さまざまなコミュニティが組織され、オープンソースのビジネスを行う企業も出始めていました。しかし、それぞれのコミュニティ、企業はちょっとずつ何かが不足しているような状況でした。たとえば、コミュニティであれば普及啓蒙活動のためのセミナーを開催するなどして新規のメンバーを獲得するまでには至っていませんでした。企業の場合では、まだまだオープンソースの考え方とビジネスが相容れないと考えられていたので、コミュニティとの接点が作れずにいました。全てが満たされている状態が「1」だとしたら、それぞれが少しずつ不足している「0.7」ぐらいの状態だったわけです。

そこで、OSCのようなメタ・コミュニティを形成することで、お互いが少しずつ足りていないものを補い合うような相互補完の関係を作れないかというのがOSCの基本的な考え方です。0.7が3つ集まれば、単純にいえば2.1ですが、重複分を除いたとしても1以上になり得ます。参画するコミュニティが増えれば、それだけ大きなメタ・コミュニティとして相互補完が行えます。小さな魚が集まって大きな魚のようになる『スイミー』[†1]という絵本がありますが、あれを想起してもらうとちょうどよいでしょう。これを私は「0.7理論」と呼んで、相乗効果をどのように出せばいいかを考えながら調整役として動くことで、個々のコミュニティや企業だけではできなかった、オープンソースの大きな普及の一助につながったと考えています。

---

†1 『スイミー』（レオ＝レオニ 作、谷川 俊太郎 訳／好学社 刊／ISBN978-4-7690-2001-1）http://www.kogakusha.com/book/187/

■ 0.7理論に至ったもう1つの理由

　0.7理論に至った理由の1つに、私自身が1に満たなかったという経験があります。2001年に独立起業し、人材育成をビジネスにしようとしていましたが、小さい会社、少ない資本で始めたため、思ったように活動を広げていくことができませんでした。そうであるならば、私自身は企画調整役、イベントの事務局として立ち働き、コンテンツはさまざまなコミュニティや企業、団体の皆さんに提供してもらうほうが、より大きく効果的な活動ができるのではないかと思い至り、OSCを開催することにしたわけです。

　実際に、OSC開始前の3年間に全国各地で開催したセミナーに参加してくれた皆さんが、その後のOSC開催に多大な協力をいただいています。そういう意味では、その3年間は種蒔きの時期だったといえるかもしれません。

4-4　コミュニティにマーケティングの手法を導入

　オープンソースコミュニティに不足していたものの1つが、マーケティングです。マーケティングといっても、それほど大げさなものではなく、「よさを知ってもらい、使ってもらう」普及啓蒙活動の方法といったことです。Linuxやオープンソースはエンジニアを中心に広まりつつはありましたが、情報が少ないため、使いたくても使えない、あるいは業務などで安心して使うことができないという状態でした。

　私自身が20代にマーケティングの業務経験があったため、これを何らかの形でコミュニティに注入し、貢献することができないかと考えていました。たとえば、商業イベントの中にコミュニティが出展するコーナーを作ったりセミナーを開催したりなど、OSCの前身となるようなことも行っていました。

■ セミナー

　セミナーの開催は、私自身が業務として行っていたマーケティングの中でも、最もオーソドックスな手法です。20年前のコミュニティ活動は、どちらかというとオンラインで行うものが多く、といっても現在のようなオンラインミーティングのことではなく、たとえばメーリングリストによる情報交換や質問に答える技術的な支援、あとはWebページ作成などが主な情報発信活動で

した。また、雑誌の原稿や書籍を執筆するといったことも、少しずつですが出てきていました。

しかし、セミナーの開催は内容について企画検討するだけでなく、日程調整や会場確保、集客、当日の運営などの多くの手間がかかるため、技術者中心のコミュニティでは実行が難しかったわけです。

OSCでは、これらの事務作業を一括でとりまとめて行うほか、年間を通して継続的に行う形で引き受ける方法を採りました。その結果、多くのコミュニティがセミナーというマーケティング手法を実行できるようになりました。

可能な限り発表の機会を提供する

この手のイベントでよく行われるセミナーでは、発表者の募集が行われて発表希望者の申し込みを受け付けた後、応募内容から選考を行い、用意されたセミナー枠の数などに合わせて発表者を決定します。

この方式では希望者全員が発表できるとは限りませんが、OSCでは選考は行わず、原則的に発表希望を全て受け付けるようにしています。もちろん、申し込み期限を過ぎて枠が全て埋まってしまっていたら受け付けられませんが、枠が空いている場合には積極的に追加の募集を行い、開催当日ギリギリまで申し込みを受け付けるほど、発表の機会を提供するようにしています。

なぜここまでするかというと、公募方式の場合には、どうしても発表経験がある人、選考をくぐり抜けられるようなテーマを持っている人、応募内容を上手に書いて申し込める人などが有利になります。もちろん、優良な内容のセミナーを開始し、受講者に提供することでイベントとしての価値が高まる面もありますが、それよりも発表することで得られる学びを重視しました。

招待講演も行う

セミナーは、前述の通り原則的には立候補式ですが、各開催で企画を行う実行委員会主導でゲスト講師を招待し、セミナーを行ってもらう場合もあります。一般的にいうと、基調講演と呼ばれるものや、興味のあるトピックに詳しい人をお招きして講演してもらうというようなスタイルです。これまでにも、いろいろな講師を招聘してお話しいただきました。

■ 2005年7月、第3回北海道開催でゲスト講演をしてくれたRuby開発者のまつもとゆきひろ氏（左）。右は高橋メソッドの高橋 征義氏。

■ 2006年3月、東京大学名誉教授の石田 晴久先生の講演。日本でいち早くUNIXのソースコードを取り寄せるなど、日本におけるUNIXやインターネット普及の基礎を築かれました。

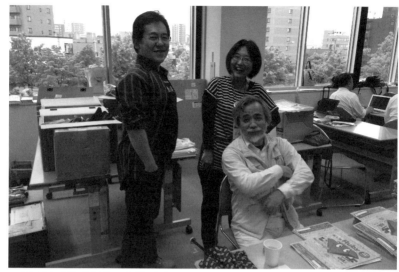

■ 2014年6月、北海道での開催。東京大学名誉教授の竹内 郁雄先生がゲスト講師。

■ ブース展示

　ブース展示は、コミケなどの同人誌頒布会のイメージが共有されていたため、比較的コミュニティにも理解されやすいマーケティング手法でした。しかし、実は、OSCのブース展示は同人誌頒布会のそれではなく、私が大学時代に春の新歓シーズンにキャンパスで机を並べてサークルの勧誘をしていたことをベースにしています。

　OSCの展示ブースは、会場にもよりますが、幅150～180センチの机を1台だけ使って行うようにしています。希望があれば2台以上を用意することもありますが、できるだけ1台だけで行うようにお願いしています。コミュニティもスポンサー企業も同じ条件、かつ狭いスペースという制限の中で、どのように効果的に展示を行うかを知恵を絞ってもらうのが狙いです。

　実際に、多くの工夫が生まれました。まず、机の上にかぶせる布を用意する出展者が増えました。社名や製品名などを入れた布が1枚あるだけで、単なる机もかなり雰囲気が変わります。次に「バナー」などと呼ばれる、布製の立て看板です。これにも印刷ができるので、遠目から見ても目立つブースにできます。そのほかにも、狭い机のスペースにたくさんの資料が置けるようにするカタログスタンド、持ち運びしやすいモバイルモニターによるデモやプレゼン

069

テーションの表示などなど。企業では当たり前ですが、コミュニティでもロゴ入りノベルティグッズやステッカーを制作して配布したりするなど、力の入っているコミュニティのブース展示は企業顔負けになっています。そのような様子を見て、新しく出展するようになった参加者も、出展ごとにブースの展示物が充実したり、洗練されたりしていくのを見るのは楽しいものです。

■ カンファレンスの本質は「会話」

　OSCの「C」は「カンファレンス（Conference）」で直訳すれば「会議」ですが、その本質は「会話」にあると考えています。セミナーは、講師が一方的に話をして、受講者は受け身で聞いているだけになりがちです。質問などは一切出ず、終わった後に講師と受講者が会話することもほとんどないというのは、いろいろなセミナーで目の当たりにする光景です。OSCは、講師と受講者の心理的な距離感が比較的近いため、会話しやすい環境にあるといえますが、活発な議論に発展することはあまりありません。このあたりは、私が20代のころに参加した海外のカンファレンスでは、セミナーの最中でも受講者が質問したり、さらにその質問に対して別の受講者が答えたりするのを見て、文化の違いのようなものを感じました。もちろん、私としては海外のような在り方が望ましいと考えていますが、日本人にはまだまだ難しいのかもしれません。

　そういう意味では、ブース展示は比較的会話をしやすい形態ですが、それでもなかなか出展者に話しかけることができないという参加者も多いようです。「ほかの人が会話しているのを横で聞いていたい」という意見も多く聞かれます。私の場合、「ブースに近づいてきてくれた人にはいきなり声をかけない」「『自由に見てくださいね』とだけいって好きにしてもらう」「『○○に興味あるんですか？』などと答えやすい質問から入る」といったように、会話に入りやすいきっかけ作りをするようにしています。このような自分なりのテクニックを磨いていくのも学びとして重要なポイントになるでしょう。

4-5　お客さんを作らない構造

　OSCには出展者やスポンサー、一般参加者や学生など、さまざまな人が、それぞれの立場で集まっています。そのときに気を付けているのが「お客さ

ん」を作らないことです。違う言い方をすれば、「当事者意識を持ってもらう」ということになるでしょうか。

スポンサーこそがイベント盛り上げの最大の当事者である

　たとえば、「スポンサー企業もイベントを盛り上げる当事者である」と考えてもらうのは、イベントとして大きな課題です。商業イベントであれば、主催者はスポンサー企業から安くない費用をもらっているので、スポンサー企業もお客さんということになります。スポンサー費用に見合う効果が得られるように要求されることもありますが、それが一般来場者のためになるかどうかという点で疑問に思うことも多々ありました。

　具体的な例でいうと、ある商業イベントで、とある外資系企業が自社の偉い人を来日させて自社のグローバルなオープンソースビジネスの戦略について話したいということがありました。スポンサーからすればセミナー枠を買っているわけなので、そこを自分たちの好きなように使いたいということになります。しかし、聴講者からすると、グローバルな企業戦略の話よりも自分たちのシステムに役立つ話を聴きたいと思うでしょう。私も外資系企業でマーケティングをしていたので、日本に本社の人間を呼びたい理由はわからなくもないですが、そのような目的のセミナーは自社単独イベントでやるべきでしょう。結局、その企画は実行されたのですが、この件以後、その商業イベントではスポンサー企業が自社の都合で考えたセミナーを乱立させるようになってしまいました。それにより、本来のおもしろさに欠けるイベントになってしまったため、最終的にはイベント自体が消滅してしまいました。情報発信する場がなくなってしまったわけで、結果的に自分たちの首を絞めていたことになります。この一件は、私が自分の企画としてOSCを始める遠因になったといえます。

　OSCでも、スポンサー企業はセミナーやブース展示で自社のビジネス、商品やサービスについてアピールしてもらうことになりますが、参加者から見て、役に立つことであったり、おもしろいかどうかであったりを考えた内容にしてほしいとお願いしています。実際のところ、その部分を間違えると、参加者も寄りついてくれませんし、結果的に費用対効果がなかったと考えられてOSCに出展してもらえなくなってしまうので、お互いにとって損失となってしまいます。参加者目線というのはなかなか難しいのですが、これを考えられることが最終的にビジネスにつながる学びだと考えています。

■ 自主的なイベント運営

　自主的なイベント運営を心がけることも、お客さんを作らない構造にするために工夫している点です。通常のイベントの運営形態は、運営は運営スタッフが行い、出展者はセミナーなら講演するだけというように役割が区別されています。しかし、OSCでは、イベント全体の運営についても学んでほしいので、そのように区別してしまうと学びの機会が失われてしまいます。また、現実的な問題として、OSCの全ての運営をスタッフでまかなうのも困難なのです。

　これらの理由から、各出展者にも可能な範囲で運営に関わる作業を受けもってもらうようにしています。たとえば、セミナーの会場では、ずっと張り付いているスタッフはいないので、講師は自主的にセミナーを進行してもらうようにしています。開始時間になったら自分から話し始めて、終了時間には自分から終わらせてもらっています。こうすることで、たくさんのセミナー会場があっても、少ない運営スタッフが順調にセミナーが進行しているかをチェックし、プロジェクターに接続できないなどのトラブルだけに対応することでセミナーをスムーズに開催できています。接続トラブルなども、場合によっては聴講者が持っている接続アダプターを貸してくれるなど、お互いが相互補完して開催していくOSC独特の雰囲気みたいなものがあります。役割を区別してきちんとやろうとするのも大事ですが、区別を曖昧にしておいたほうがうまくいくことも多いと思います。

OSC開催に貢献してくれた人を表彰する「OSCアワード」

　自主的なイベント運営を心がけると、運営に協力してくれる人の中でも特に自分なりの役割を発揮してくれる人が出てきます。それは、運営全般に対する協力であったり、継続的に発表してくれる人であったり、ブース展示を毎回してくれるコミュニティであったりします。これらの特に顕著にOSC開催に貢献してくれた人を表彰するために「OSCアワード」を創設しました。OSC事務局内で検討し、表彰させていただきました。

　もちろん、誰かの貢献が全てではなく、たくさんのスタッフ、出展者、参加者全員で作るOSCではありますが、たまにはこういう盛り上げもよいのではないかと思います。コロナ禍でしばらく途絶えてしまいましたが、また改めて再開する時期かもしれません。

■ 2016年7月の京都開催にて、OSCアワード授賞式の様子。開催に貢献してくれた人を表彰しています。

■ 文字通り「壁」を作らないブース展示

　壁を作らないということでいえば、ブース展示も、文字通り「壁」を作らないようにしています。商業的なイベントなどでは、ブースごとを区切るための壁があることが多いでしょう。一番シンプルなブースでも、背後には壁があって、社名やパネルなどが掲示されています。これらの壁のおかげで、会場全体を見渡すことはできません。

　OSCでは、ブースは机ですが、背後にパーティションを立てて壁を作れば、そこにパネルを掲示することも可能でしょう。しかし、あえてそうしないようにしています。なぜなら、会場全体を見渡すことができなくなるからです。壁がなければ、どこに誰がいて、誰と話しているのかも、すぐにわかります。たとえば、ブースで来場者と話しているとき、ちょっと違う話が出たりすることがあります。そんな場合に「その話なら誰それが詳しいよ」といって、会場にいる別の人のところまで連れて行って引き合わせるようなこともよくあります。壁がないので、誰がどこにいるのかが一目瞭然なので、何か話が盛り上がっているみたいだけど何だろう？と首を突っ込みに行ったりすることもあります。会場全体の一体感も大事なので、そのためには壁を作らないのも大事なことであると考えています。

第5章
企業のオープンソースビジネスを支援

　OSCをスタートさせた2004年当時は、オープンソースソフトウェアが少しずつ企業でも使われるようになってきた時期でもありました。しかし、まだまだ企業がソフトウェアを知的財産として扱い、ソースコードを公開しない「クローズドソース」であることが当たり前だったため、「オープンソース vs. クローズドソース」という対立軸で物事を捉えられがちでした。このような状況を改善し、企業とコミュニティの融和を図るのもOSCの目的の1つでした。

5-1　企業からはわかりにくいオープンソースコミュニティ文化

　企業とコミュニティの融和を図るためには、まずはお互いが接する機会を作る必要がありました。コミュニティに参加しているエンジニアは、日常的には企業でシステムなどの業務に携わっていても、コミュニティにはあくまでも個人としての立場で参加している人がほとんどでした。一方で、企業から見ると、コミュニティ中心で開発が行われていて、無償であってサポートがなく、自己責任で使う必要があるオープンソースソフトウェアでシステムを構築するといった経験はありませんでした。そのため、企業からすると、どのようにコミュニティと付き合えばいいのかがわからないというのが当時の状況であり、実は20年経った現在もオープンソースソフトウェアに対する無理解はまだまだ存在しているように感じます。

　企業とコミュニティがこのような関係になってしまうのは、企業が利己的に振る舞う必要があるのに対して、コミュニティは利他的に振る舞うことが求められるという、根本的な行動原理の違いが理由でしょう。企業が利己的であることを全て捨て去るのは難しいものですが、コミュニティに貢献するという

観点で利他的に行動することは可能です。その一環として、OSCのような場に参加してもらうように、スポンサープログラムを構築していきました。

5-2　目に見える貢献をしたい企業側の心理とバランス感

　OSCのようなコミュニティ主体のイベントのスポンサーになりたい企業は、担当者がコミュニティに参加していたり、オープンソースソフトウェアの在り方に積極的であったりすることが多く、OSCそのものについての説明もそれほど必要とはしません。しかし、企業としては「コミュニティに貢献している」ことができるだけ目に見えることがメリットとなります。そのため、セミナーやブース展示だけではないメリットの提供が必要となります。ただし、あまり露骨にスポンサーを優遇すると、コミュニティとの融和を図るという点では逆効果となってしまいます。OSCでは、この「ほどよいバランス感」を出すのに苦心しました。

　最もわかりやすい特典は、ロゴの掲示です。Webサイトや当日会場で配布するプログラムにスポンサー企業のロゴを並べるのはよくある方法でもあり、納得感があります。ロゴがたくさん並んでいると、盛り上がっている感じも演出できます。ただ、会場にバナーを掲示するというのは、バナーそのものの制作費が意外と高いことや、毎回のようにスポンサーの顔ぶれが変わることなどからOSCでは行っていません。

　会場に来た参加者に配布するプログラムと一緒に、スポンサー企業のチラシを渡すということもコロナ前までは実施していたのですが、オンラインでの開催に移行するとともにPDF版のオンラインチラシをWebサイトで配布する形に変更しました。コロナ後にリアル会場開催に戻した際にも、接触する機会が増えることを避けるという理由もあって、全員への配布は行わなず、会場内にチラシ配布コーナーを作る形に変更しています。運営的には開催前日の封入作業がなくなることによる開催コストの削減にもつながっているので、オンライン＋配布コーナーでの運用はちょうどよいバランスになりました。

　これら以外には、展示会場内で来場者の導線がよい場所に展示ブースを配置する、セミナープログラムの編成時に若干優先して時間帯を割り当てるなど、ほどほどの優遇を行う程度に留めることで、全体としても企業がメタ・

コミュニティの一員としてOSCの活動に参加しているという状況を作り出せているように思います。

■ チラシ配布コーナー。コロナ禍の後は、この形式のみに変更しました。

5-3　協賛金はお祭りの寄付金

　OSCは参加者の参加費用は無料、コミュニティもブース出展、セミナー開催は無料としているため、運営費用は全てスポンサー企業からの協賛金でまかなっています。協賛金は、開催地や開催の規模にかかわらず、一口5万円としています。これは、20年間変わっていません。ただし、東京での開催の場合、2口分からの協賛をお願いしています。これは比較的スポンサー企業に協賛してもらいやすい東京での開催で収入を多くして、協賛が集まりにくいその他の地域での開催コストを賄う再分配的な観点での措置でもあります。

　通常、イベントの協賛金はさまざまなコストや運営を担当する企業の利益も含めて計算するため、驚くほど高額である場合も少なくありません。一方、OSCは「文化祭」なので、協賛金はお祭りの寄付金のようなものだと説明しています。地域のお祭りで「金壱萬円」とか「清酒　二升」と半紙に書いて貼りだしているアレです。

無料ないし安価で使える会場で開催したり、さまざまな面で必ずしも必須ではないことを行わない、外注せずに自分たちでやるといったようにして限界までコストを抑えているので、このようなやり方でも何とかなっています。綺麗な会場を使ったり、華美に装飾したりといった贅沢なイベントもありますが、それが永く続くことはありません。また、イベント開催のノウハウ自体を学ぶという観点では、お金をかけたイベントは誰もが真似をできるわけではないので、あまり意味がありません。節約と工夫をすれば、低コストでも楽しいイベントが開催できるということを知ってもらうのもOSCの大事な役目だと考えています。

実際、最近では年に1回豪華なイベントを打ち上げ花火のように開催するよりも、継続的に毎月のように勉強会を行うといった企業も増えてきています。顧客と接する機会を増やす「エンゲージメント」という観点です。どちらが優れているというわけではありませんが、バランスよく使い分けるのがよいのではないでしょうか。

5-4　プロモーションの基本を学ぶ学校としての役割

前述したように、OSCはオープンソースコミュニティにマーケティングを持ち込むことを考えてスタートしましたが、参加する企業にとってもマーケティングを学び、実践する場としての役割は変わりません。ブース展示では、ブースの装飾や配布物の準備、デモの用意、そして、実際のブースでの来場者対応などです。その際、ブースに立ち寄った来場者との会話でビジネスのヒントが得られたり、実際に仕事につながることもあります。

5-5　セミナーはβ版のネタ下ろしの場としての活用

セミナーは、自社の製品や技術のアピールのほかに、エンジニアに人前で話をする経験を積ませる場として使っていたり、新しい技術や製品についてのプレゼンテーションをβ版として試しに話してみるという活用を行っている会社もあります。私自身、OSCのセミナー講師として毎回のように登壇していますが、新しいテーマでセミナーをする場合、まずは講演資料を作成して試しに話

してみた後、話しやすいように構成を変えたり、理解してもらいやすいように図を追加で入れてみたりなど、何度か大きく手を加えていくようにしています。このように成長させた資料は、実際にビジネスの現場で顧客に対して説明する際に流用したり、ビジネス向けのセミナー講師を依頼された際に使用したりなど、かなり幅広く活用しています。

5-6　人材採用を目的とした出展も増加

　近年増えているのが、人材採用を目的としたOSCへの出展です。情報への感度が高いエンジニアが集まる場として見た際、オープンソースのビジネスを行っている企業からすると、自社の魅力をアピールし、優秀なエンジニアを採用する機会といえます。実際、私が経営している会社でも、OSCをきっかけに知り合ったことで入社してくれたエンジニアがたくさんいます。

　学生に対しても、OSCに参加することで、現役のエンジニアや企業の担当者と直接会えるということをメリットに参加を促したり、時にはIT業界への就職に役立つ就活セミナーなども企画しています。

■ 来場者との会話のきっかけとして、簡単なアンケートを実施するのも１つのテクニックです。

■ テーブルクロスやバナーなどのブースを装飾したり、カタログやノベルティグッズなどを並べたり、お手本となるブースです。

第6章
地方コミュニティの活性化と地域間交流

　OSCは、開始2年目から北海道と沖縄で開催し、その後も全国各地で開催してきました。IT業界全体を見渡してみると、もちろん東京以外の地域でイベントが開催されることもありますが、東京一極集中の状況は大きく変わっていません。むしろ、インターネットの普及で誰でも情報が取得しやすくなったことや、オンラインセミナーが開催しやすくなったことで、リアルに開催されるイベント全体が減っているとすらいえます。OSCは、この東京一極集中を解消すべく、東京以外の地域で継続的にイベントを開催することで、その地域のコミュニティの活性化を図ってきました。

■ 2011年11月、広島での開催。山向こうの島根県松江市からセミナー講師を招くなど、地域間交流を盛んに行っています。

6-1　東京一極集中の解消

　IT業界の場合、製品やサービスを提供するベンダーと、それらを扱ってシステムを提供するシステムインテグレーター、そして顧客となるユーザーが東京に集まっているため、ITに関する情報を交換するのは東京だけで行えば済みますし、効率もよいでしょう。しかし、各地域においてもITのサービス提供は求められますし、地域に密着した企業もあれば、エンジニアもいます。また、大学や専門学校などでITを学ぶ学生も増えています。これらの人々に、単なる情報だけではなく、熱気のようなものを届けるのもOSCを全国で開催している大きな理由です。

　実際、多くの地域でOSCを開催しているので、普段は東京で活動しているコミュニティや企業の担当者が現地に赴き、それぞれの地域のコミュニティや企業、エンジニアや学生との交流が実現できています。特に学生の参加者には大きな刺激になるようで、OSCをきっかけに地域の勉強会に参加したり、逆に東京で開催されるイベントに足を運んだりしているようです。また、OSCに出展していた企業のインターンシップに参加したり、就職したりといった例もあります。

　このように、東京以外での地域開催にそれなりのメリットがありますが、もう少し深くそれぞれの地域の活性化について考えた上で、OSCを開催している点について見ていこうと思います。

6-2　一過性の活動にはしない

　さまざまなイベントの企画を見ていて感じることですが、日本人はとかく「えらい人」を崇め奉りやすい特質があるようです。確かに、第一人者を招いて講演してもらうことで、最先端の情報を得たり、その人の考え方に触れたりできるのは大きなメリットであり、それ自体は意義があることでしょう。しかし残念ながら、そのようなイベントを開催することだけで満足してしまい、得た情報をその地域で継続的にどう活用していくのかということまで考えられていることは少ないようです。そのイベントが開催された日以外の364日を通した活動を活性化させるためのイベントであるという位置付けであることが重要

です。そのあたりの連続性がないと、結局のところ、2回目、3回目と続かない一過性の活動になってしまいます。

OSCでも、招待講演のような形で講師を招いて講演してもらうこともありますが、招聘する必然性やその地域での以後の活動との連続性をきちんと検討した上で人選し、依頼するという形を採っています。

6-3　OSC開催は地域立候補型

各地域でのOSC開催は、開催したい地域で活動しているコミュニティの皆さんからの立候補に基づいて開催しています。そのため、2006年以降の開催を見てみると、突然新潟で開催したり、名古屋での開催が2009年までなかったりと、一般的なイベント開催の傾向とはかなり異なっています。東京で開催されて盛り上がっているイベントが東京以外の地域に進出するという考えではなく、あくまでも「その地域でOSCというイベントを開催したい」という想いからスタートしてほしいという考えは今でも続いています。

20年間も続けていると、地域の状況が大きく変化したことでOSC開催に対するモチベーションがなくなってしまったりすることもあります。その場合には、一旦休止する形を採っています。とはいえ、OSCの開催間隔を3週間以上は開けるようにしているため、年間で開催できる回数も限られており、どこかの地域の開催が休止した場合でも、そのスケジュールを埋めるように新しい地域での開催が滑り込んできます。

つまり、年間での開催数は大きく変わらないので、休止から再開、新たな開催地など、いつもスケジュール調整に苦労しています。

6-4　地域でコンテンツを持っている人の発掘

東京以外の地域でOSCを開催することで、東京で最先端の技術を手掛けている人が出展者として参加してくれることはありますが、それだけを目的にしては地域における持続的な活動にはつながりません。むしろ、OSC開催をきっかけに地域で埋もれている人材を発掘することが本来の目的といってもよいでしょう。実際、地域のコミュニティに参加していない人がOSCを訪れて、

そこで初めて地域のコミュニティと接点を持つことも多々あります。東京で仕事をしていたエンジニアがUターンで地域に戻ってきていたりもします。そのような人たちが、OSCをきっかけに地域のコミュニティや勉強会に参加するようになっていきます。

　また、地域の学校で学んでいる学生の中に、大人顔負けの技術力を持った学生を発見できるのも、地域開催の醍醐味です。東京に比べて遅れていると、地域で活動している人たち自身が思い込んでいたりするのですが、実際にはそうではないことを知ってもらうのもOSC開催の大事な役目です。

6-5　その地域と交流したい人の呼び込み

　できるだけOSCを開催する地域中心での企画が重要ですが、もちろんその地域以外から参加する人たちとの交流も重要です。ホストとゲストの関係といってもよいでしょう。OSCでは、年間を通して各開催に出展してくれるコミュニティや企業があるほか、初めての開催であれば参加する、行ったことがない地域だから参加すると考えてくれる人が多くいるため、バランスよく開催できていると感じます。

　また、単にOSCに出展して交流するだけではなく、早めから現地に入ったり、終了後にちょっとした観光をしてから帰るという人も少なくありません。企業での参加の場合、地元の支社やパートナーを訪問したり、別途セミナーを開催するというケースもあります。

　地域間交流を促進することは、東京一極集中を解消していくための最初の一歩となると考えています。

第7章
エンジニアに対する
学びの場の提供

　OSCはもちろん、参加するエンジニアの学びの場でもあります。新しい情報や、ちょっとおもしろいモノやコトを探しに、たくさんのエンジニアがOSCの会場に足を運んでくれます。そのような場を全国各地で継続して提供し続けているのにも、いくつか理由があります。

7-1　企業が教育を放棄した？

　現実的な問題として、企業がエンジニアに対する教育を熱心に行わなくなったということがあります。そのようになってしまったのには、複数の要因があります。

　まず、技術が高度化し、覚えなければならないことが増えすぎてしまったため、エンジニア教育が難しくなったことが挙げられます。技術自体も日進月歩であるため、学んだ端から古くなっていくという業界でもあります。

　さらに、がんばって技術者教育を行って経験を積ませても、これから活躍してほしいと思った矢先に、待遇がよい企業に転職してしまうようになりました。これは、優秀なエンジニアほど顕著です。IT業界での人材の流動性が大きく高まったため、新卒から教育するよりも即戦力を中途採用したほうが、給与などのコストが多少高くなるとしても、トータルで見ると安いと考える企業が増えすぎてしまったのが現状です。

7-2　自助努力、自己責任の限界

　では、そのような現実に対して、エンジニアはどのように立ち向かうべきでしょうか。

　少なくとも、業務の中でスキルアップを図って成長していくのには限界があります。業務に余裕がない中で、じっくりと新しい技術について調べたり、試したりする時間的な余裕がありません。学習のためのハードウェアやソフトウェア、クラウド環境などを十分に与えてもらえないという課題もあります。

　業務で学ぶことができないとすると、自分の時間やお金を使って自己投資をするしかありませんが、これにも自ずと限界があります。

　そんな中、少しでも学びの場を提供するために、OSCは無料で参加できるようにしています。また、ウィークデイの業務時間中にイベントに参加することができるエンジニアも限られているため、基本的に土曜日開催としているというのは、前述したとおりです。

7-3　学びにつながる「気づき」のきっかけ作り

　とはいえ、OSCは45分間のセミナーとブース展示がメインなので、本格的な学びとしては絶対的に量が不足しています。あくまでも、その後の学びにつながる「気づき」を得るきっかけを作っているに過ぎません。それでも、知りたいと思っていた技術について先んじて手掛けている人の話を聞けたり、たまたまその横でブース展示をしていたものとの出会いが新しい何かを始める契機になったりもするから、ごった煮状態のOSCはおもしろいと思います。

7-4　継続的な学びと成果をいつかOSCで発表して欲しい

　OSCは、あくまでもきっかけであり、その後の継続的な学びがなければ、スキルアップは難しくなります。そのためにも目標が必要ですが、次は参加者の皆さんが発表する側になってほしいとお願いしています。

　たとえば、45分間のセミナーで初心者向けに自分の失敗談を話してもらって

もよいですし、コミュニティに参加して次回はブース展示を手伝ってもらうのでもよいでしょう。それらのハードルが高ければ、5分間のライトニングトークで話すのでも、スタッフとして受付に立つのでもよいと思います。OSCはがんばって毎年のように開催していますし、近隣の地域まで含めれば年に数回は参加するチャンスがあります。

　受け身に回るだけでは学びの深さは出せないので、どんな形であっても情報の発信側に回ってほしいと考えています。

第3部

OSCに学ぶ
持続可能なコミュニティ

Open Source Conference Chronicle

第8章

これからのコミュニティ活動

　オープンソースカンファレンスは、オープンソースに関わる人たちが集まるメタなコミュニティとして20年間活動を行ってきました。その間、それほど一般的ではなかったコミュニティという存在も認知され、多種多様なコミュニティが形成され、活動を行うようになってきました。しかし、コミュニティによっては活動が停滞し、継続できなくなったり、コミュニティが消滅しまったりといったことも、その数が増えた分だけ珍しいことではなくなってきました。

　そこで、OSCのように長く持続できるコミュニティを形成するためのコツのようなものを考えてみたいと思います。

8-1　コロナ禍での活動の継続

　まず最初に、コミュニティ活動に大きな危機が訪れた2020年からの新型コロナウイルスの影響と、その際にOSCがどのように対処したのかということについて振り返ります。このような大きな困難に直面したときこそ、コミュニティとしての本質が露わになるからです。

■ 苦渋の開催中止の決断

　新型コロナウイルスの影響で、2020年2月21日〜22日に開催を予定していたOSC 2020 Tokyo/Springは開催直前に中止となりました。ギリギリまで様子を見て、可能ならば開催したいと考えていたのですが、開催の影響が大きすぎるだろうと苦渋の決断を迫られました。

■ 世の中の状況を注視

　当時は、世の中の新型コロナ感染者数の状況を見ていました。私自身は2月上旬からいち早く在宅リモート勤務に切り替えており、自社の社員も順次在宅リモート勤務へと切り替えさせているような時期でした。OSCの開催は2月下旬だったため、1月下旬から2月中旬までの3週間程度を見ていましたが、爆発的に感染者が増えるわけではないものの、徐々に重症化した場合の問題などが報道されるような時期でした。

　また、その期間中にその他のイベントが開催されるかどうかにも注目していました。各イベントの主催者もお互いの様子を見ているような状況でしたが、比較的大きめのイベントがそのまま開催されたり、逆に大事を取って中止にするなど、イベントによって対応はさまざまでしたが、全体的な傾向としてはやむを得ず中止という流れになっていました。

■ 開催規模から影響を検討

　OSCの場合、前年の秋の開催で2日間で延べ850人、人が多く集まる土曜日には500人くらいの出展者と参加者が集まることになります。2020年春の開催も同じ程度か、会場を変更して都心での開催になったため、交通の便がよくなることで参加者数の増加も見込んでおり、2日間で延べ1,000人、土曜日は600人くらいと予想していました。当時はまだ感染の仕方なども憶測の域を出ない時期だったので、今振り返っても屋内にこれだけの人数が集まり、その中に感染している人がいるとしたら感染拡大につながる可能性は高かったでしょう。特にOSCは出展者と参加者が展示ブースで会話することが大事なので、そのような際に感染が拡がることは十分に考えられました。

■ 会場への影響を検討

　このとき、会場は大学の校舎を借りて開催する予定でした。開催を強行して感染が拡がるような事態に陥った場合、なぜそのようなイベントの開催を許したのだと、大学側に風評被害をもたらす可能性もありました。特に会場を変更して初めての開催の予定だったので、最初からそのような問題を起こしてしまうと、それ以降、OSCだけではなく、その他の催しに校舎を貸し出すのも難しくなるなど、多大な迷惑をかけてしまう可能性もあります。

大学側から中止の要請はなかったので開催をすることもできましたが、何かあった場合の影響を考えて中止を決断しました。

中止したことによる影響

開催の数日前というギリギリの段階で中止を決断しましたが、かなり早くから中止する可能性を関係各位に伝えていたため、それほど大きな影響を出さずに済みました。

最も影響が大きかったのは、スポンサーからの協賛金をいただかないということにしたため、収入がゼロになってしまったことですが、これはやむを得ないでしょう。

ほかにも来場者全員に配布を予定していたノベルティグッズが大量に余ってしまったりしましたが、コロナ禍の後にリアル開催が復活してから配布して、無事に配りきることができました。

もちろん、これら以外にも見えない形で影響が出ていたと思いますが、最終的に開催によって感染が拡がるようなことは避けられたので、中止の決断は正しかったと思います。また、その他のイベント、コミュニティからもOSCが開催されるのかどうかが注目されていたようで、タイミング的にもその後イベントはオンライン開催へと移っていく潮目だったように感じています。

それでもコミュニティ活動は止めてはいけない

OSCの開催は中止としましたが、コミュニティとしての活動まで中止にさせるわけにはいきません。むしろ、集まるのが当たり前だったコミュニティで集まるのを止めてしまうと、活動再開までの間にコミュニティの参加者が離れていってしまい、活動を再開するのも難しくなってしまうのは明らかでした。

私自身、新型コロナウイルスの影響は2年くらいは続くだろうと見ていましたが、結局は3年ほどかかってしまったので、予想以上に長期間活動が停滞することになります。

8-2 オンラインイベント化による活動の継続

　東京でのOSC開催を中止したことで、それ以後に行われる予定だった、その他の地域でのOSC開催も全て中止となりました。これは、その後3年間続くことになり、2023年4月の東京・浅草でのリアル開催の復活までオンライン開催を継続することになりました。

■ オンラインイベント開催方法を試行錯誤

　オンラインイベントは、2020年の段階ではまだこれといった方法が確立されておらず、さまざまなオンラインツールを試しに使ってみるような試行錯誤の段階にありました。もちろん、OSCは現地に集まって顔を合わせるのが本旨なので、セミナーの録画やライブ配信などもそれほどやっておらず、オンライン化という意味ではかなり遅れている状況でした。ここから一気にオンライン化するため、私自身が2週間ほど時間を使ってオンラインツールの組み合わせ検証や、オンラインイベントの運営の進め方を決めていくことになりました。

　2020年2月下旬に開催が中止になったので、3月は今後について検討してオンライン化することを決定しました。そして、4月24日と25日のゴールデンウィーク前に開催することを決めて、それまでに開催方法を間に合わせるという泥縄的な進め方になってしまいました。とはいえ、私が2週間集中してオンライン開催方法の検証作業が行える余裕があったのは幸いでした。

　また、すでにコミュニケーションツールをメーリングリストからSlackに移行していましたが、そこで幅広く呼びかけることで、OSCのオンライン化について検証を手伝ってくれるメンバーが地域横断的に集まってくれました。日々、いろいろな検証結果を共有しながら、最善な方法を模索することができたのは、このようなコミュニティとしての活動ができたからだと思います。

■ オンラインになっても顔を合わせたい

　オンラインイベントの開催方法はいろいろとありますが、オンラインといえども、OSCはできるだけ講師や出展者と聴講者や参加者が顔を合わせるということは大事にしたいと考えました。そこで、メインとなるツールはZoomを使うことにしました。

Zoomには、通常のミーティング方式とウェビナー方式の2つがありますが、初回は試しにオンライン会場の1つをウェビナー形式に、それ以外の会場はミーティング方式としてみました。開催した結果、ウェビナー形式は聴講者が行えることが制限されていて、「参加者の顔が見えない」「マイクも使えない」といった制約があり、講師と参加者の一体感のようなものが失われてしまって、あまりOSCらしくない結果となりました。さらに、追加のライセンス費用もかかってしまいます。結局、ウェビナー方式のオプションはすぐに解約してしまいました。

一方、ミーティング方式は「お互いの顔が見える」「マイクのミュートを解除して音声での会話ができたりチャットも使える」など、講師もスタッフも参加者も不慣れなところはあるものの、コミュニケーションを取ることができたので、不完全ながらもOSCの雰囲気を維持できるようになりました。

■ YouTube Liveを併用することによるメリット

Zoomミーティングは、その他の動画配信サービスに対して動画ストリームを流して中継できます。FacebookやTwitchなどのサービスのほか、一般的なストリーミング用のプロトコルであるRTSP（Real Time Streaming Protocol）にも対応しています。このRTSPによるカスタムライブストリーミング機能を使うと、YouTube Liveを使ってZoomミーティングの様子を配信できるようになります。

ちなみに、Zoomの設定でYouTube連携というそのものの選択肢があるのですが、実は落とし穴で、これを使うと配信連携開始時に突然YouTube配信が始まるという動作をします。これでは、OSCのようなイベントでは事前予告をすることができません。こういう微妙な仕様の違いをインターネットで調べたり、実際に動かしてイベント開催に耐えられるかどうかの検証を行う必要がありました。

そのように事前検証を行って、ZoomにYouTube Live配信を併用する方式で開催したのですが、この方法はいくつかのメリットがありました。

● **Zoomが使えない人も試聴できる**

当初は金曜日土曜日の開催だったため、平日は業務時間中ということになります。

業務用端末にインストールできるアプリケーションが制限されており、Zoom
クライアントをインストールできないという人が少なからず存在していました。
実際にはWebブラウザ版Zoomクライアントでミーティングに入ったりするこ
ともできるのですが、どちらかというと簡単に試聴できるYouTube Liveを好む
人が多いようです。参加者の人数をカウントすると、だいたいYouTube Live視聴
者がZoom参加者の2倍くらいという感じでしょうか。OSC参加の機会を増や
すという面では大きなメリットですが、一方で受け身の参加になってしまって
参加者の顔が見えにくい、コミュニケーションが取りにくいというデメリットも
あり、痛し痒しというところです。

● 動画が自動的に保存される

YouTube Liveはリアルタイム視聴のほか、配信していた動画をそのまま記録して
おいてくれます。そのため、後から追いかけ再生したり、動画データをファイルと
してダウンロードできます。この動画データをセミナーごとに編集してアーカイ
ブ化することができました。

■ アーカイブ化でセミナーコンテンツをロングテール？

　これまでのOSCでは、セミナーが複数会場で行われていること、人手や機材
の不足ということで、セミナー内容を録画しておいたり、コンテンツとして
アップロードしたりといったことはほとんど行えていませんでした。ごく一部
のセミナーを録画してアップロードしたり、ブース展示を廻ってインタビュー
していくなど、いくつかの動画コンテンツ制作を試していたところで、コロナ
禍が訪れて一気にオンライン化が進行しました。それによって、セミナー動画
をアーカイブ化することができるようになりました。

　前述のように、ZoomからYouTube Liveに動画をストリーミングして中継
すると、その動画データはYouTube側で自動的に保存し、後からダウンロー
ドが可能になります。この動画データには休憩時間のセミナー準備などの余計
なデータも含まれているので、動画編集ツールで各セミナーの開始時から終了
時までの間の約45分間の動画として切り出します。動画編集ツールが
YouTubeへのアップロードまで自動的にやってくれるので、作業ワークフ
ローが確立してしまえば、あとは淡々と編集作業を行うだけです。だいたい終
了後半日程度の時間をかければ、20〜30本のセミナーの編集からアップロード

まで行えるので、講師のチェックが終わり次第、開催の翌日か翌々日にはアーカイブ公開可能というスピード感で見逃し配信が行えるようになりました。

公開したアーカイブは、いくつか興味深い形で試聴されることもわかりました。まず、多くの動画が検索エンジンからの流入で試聴されますが、YouTube内で検索されたりおすすめ動画として表示されることでも見られているので、これまでOSCの開催でリーチできていなかった層の人たちに対してコンテンツを届けることが可能になりました。また、ニッチなテーマを扱ったセミナーは、従来のOSCでは聴講者が数名ということも珍しくありませんでしたが、YouTubeで公開することで2桁から3桁の再生回数を数えるようになり、より多くの人に見てもらえるようになりました。

そのほか、講演資料を公開してもらって動画からリンクするなど、アーカイブ動画の公開フォーマットを定めたことで、今まできちんと行えていなかった資料のアーカイブ化ができるようになったり、事後の開催レポートに講師のコメントとともに動画へのリンクをしてさらに視聴を促せるようになったりなど、複合的なコンテンツの再利用が行えるようにもなりました。このようなことができるようになると、それまでのOSCの開催はコンテンツの垂れ流しになってしまっていたので、少しもったいなかったなと感じています。

■ YouTubeのOSPN.jpチャンネル (https://www.youtube.com/@OSPNjp)

■ ハンズオン形式はやり方次第

　オンラインセミナーとは別に、実際に手を動かして学ぶハンズオン形式のセミナーもオンライン化してみました。ハンズオンはリアル開催でも難しいところがありますが、オンラインハンズオンにも同様の難しさがあります。

　ハンズオンでは、講師が実際にやってみせて、それと同じことを受講者にもやってもらうのですが、同じようにやってもらうのが難しいことが挙げられます。スムーズに実習を進められる人と、なかなかうまくできない人の間で進捗差が出てしまうのはよくあることです。内容にもよりますが、講師がスムーズに進められる時間の2倍くらいの実習時間が受講者には必要なことが多いようです。つまり、OSCのように45分1枠の場合、正味15分ほどでできることに限定されてしまうので、さわりの部分だけやってみるというつもりの構成にするべきでしょう。

　また、ハンズオン実習は、ある程度の事前の準備が必要になるのも解決すべき課題です。たとえばクラウドサービスを使うのであれば、事前にアカウント登録をしておいてもらう必要がありますが、無料枠があるとしてもクレジットカードの登録が必要になったりするのに抵抗を感じる場合もあります。あるいは、実習で使用するソフトウェアなどを事前にダウンロードして、インストールしておいてもらう必要があることもあります。リアル会場で行うハンズオンであれば、アカウントをハンズオン開催側が用意したり、実習用の端末を用意することで解決できますが、オンラインハンズオンでは受講者が用意した端末が前提となるので、このような実習環境の問題が起きやすくなっています。

　開催する側としては、実際に実習形式で触れてもらうことで理解を深めてもらうのがハンズオン形式で行う目的ですが、こういった課題があるため、その目的を100%達成するのは難しいでしょう。特に時間の問題が大きいので、OSCオンラインでのハンズオン形式のセミナーでは、45分1枠のセミナー実施後、次の枠は自由実習時間として受講者が続けて実習作業が行えるようにしています。講師の人にも、次の1枠の間もオンライン会場に留まってもらい、受講者からの質問などを受け付けてもらえるようにお願いしています。

　このように難しさが伴うオンラインハンズオンセミナーですが、工夫次第でやりようがありますし、そこで培った経験やノウハウは、実際の業務でも役立てることができそうです。

■ オンラインブース展示は大失敗

OSCはブース展示がメインといっても過言ではないほど重要視していましたが、オンライン開催に移行したときに最も苦労し、そして結果的に大失敗だったのがオンラインブース展示です。

当初は、オンライン展示を希望する出展者に対してZoomミーティングを割り当てて、出展者と話したい参加者にそのミーティングに入ってもらうように誘導してみたのですが、ほとんど入ってくれる人がいない結果となりました。いろいろと意見を聞いてみたところ、いきなり部屋に飛び込むのは躊躇するという意見が大多数でした。

確かに、リアル会場での展示はある程度の広さの展示会場にたくさんのブースが並んでいて、とりあえず眺めているだけでも大丈夫ですし、誰かが話しているのを横で聞いているのが楽しいという意見もありました。もちろん、興味のあることであればどんどん質問したり説明を受けたりできるのがブース展示のメリットですが、距離感を詰めていくための段階が必要ということになります。オンラインブース展示は、その距離感が保てないというわけです。

このあたりを改善しようと、オンラインブース展示で使っているZoomミーティングの様子をYouTube Liveで配信して確認できるようにしてみたりしましたが、出展者以外誰もいないという状態を配信しているだけなので、ますます入るのに躊躇する結果となってしまいました。

多少うまくいったといえるのは、セミナーが終わった後、Zoomミーティングを移動して質疑応答を行う時間を持ってもらうという方法でしたが、これはブース展示というよりも、いわゆる「Ask The Speaker」(講師に聞いてみよう)コーナーのオンライン版なので、根本的な解決策にはなっていません。

結局、オンラインブース展示は困難という結論に達してしまい、OSCオンラインでは行わないことにしました。ほかのイベントでもオンラインブース展示をその他のツールを使って行ったりもしていましたが、今ひとつうまくいかず、同様に行われなくなっていったようです。

■ セミナー＋ブース展示÷2＝ミーティング形式

オンラインブース展示はうまくいきませんでしたが、講師を囲む形式は多少うまくいくようだったので、代替案として考えたのがミーティング形式です。「BOF」（Birds Of a Feather）と呼ばれる方式をアレンジしたものです。BOFでは特定のテーマに興味がある人が集まって自由に会話するのが基本的なスタイルですが、日本人はこの手のスタイルがあまり得意ではありません。そこで、ミーティング形式ではまず誰かに10分ほどテーマに沿った発表を行ってもらい、それに対する質疑応答を中心に進める設計としました。

しかし、自由討論と同様に、質問をするのも日本人は苦手です。そこで、主催側には積極的に質問をしてくれる人を用意したり、話題が尽きたら追加で話せるネタをもう1つ2つ用意しておくなどして、45分間を有意義に使えるように企画をしてもらうようにしました。それほど多くのミーティング形式による開催を行ったわけではありませんが、開催結果自体は単なるセミナーよりは受け身にならないので手応えはあったようです。双方向のやり取りがあるのがコミュニティ活動の本旨に沿うものなので、今後も改良を加えながらスタイルを定着させたいことの1つです。

■ パネルディスカッションはオンラインに合う

オンライン化した中で比較的うまくできたのが、パネルディスカッション形式です。大体2名以上、5名くらいで1つのテーマについて話すスタイルとなりますが、オンラインのメリットを活かして登壇者はどこからでも参加できるため、たとえば識者が遠方に住んでるとしても登壇してもらえます。それほど頻繁ではありませんが、海外から登壇してもらうケースもありました。

一般的なオンラインのパネルディスカッションでは、司会役が画面共有でスライドを表示しつつ、その他のパネリストが発言していくというスタイルです。必要に応じて画面共有を切り替えて発言者の資料を表示したり、参加者からの発言や質問を受け付けるというような形で、オンラインミーティングの特性をうまく活用できます。

難点としては、OSCの1枠45分だと、パネリストが多い場合、十分に発言する時間が取れないということです。この問題に対しては、リアル開催の際にも2枠で90分（さらに間の休憩15分）を使って十分にディスカッションができる

ようにすることで解決していました。その場合、長時間になるのでリアルタイムで聴講するのは大変ですが、後からアーカイブを視聴するという方法もあるのはメリットでしょう。従来のリアル開催ではどうしても技術的なセミナーのほうに聴講者を取られがちのパネルディスカッションでしたが、オンライン化による恩恵が多かったように思います。

■ ライトニングトークもオンライン向き

開催の最後は参加者全員が1つの会場に集まってライトニングトーク大会を行うのもOSCの大事な流儀です。オンライン化しても、この流儀はきちんと守られています。

各会場に分かれてセミナーを聴講していた参加者がZoomミーティングで一堂に会することで、「見えないOSCというコミュニティのメンバー」が同じ時間に同じイベントを共有しているということが可視化されます。YouTube Liveで見ている人も当然多いのですが、ライトニングトーク大会の時間は比率が変わって大体それぞれ半々ぐらいなので、より積極的な情報発信側がZoomミーティングのほうに集まったのがわかります。

ライトニングトークが終了すると、そのまま締めの挨拶、休憩を挟んで交流会、懇親会となります。

■ オンライン飲み会は意外と楽しい

従来のOSCのメリットの1つでもあった懇親会ですが、オンライン化した後はオンライン飲み会という形での開催となりました。

前述したように、ライトニングトーク大会が終わった後、休憩を挟んで、交流会、そして懇親会となります。交流会と懇親会に分けているのは、いくつかの理由があります。

まず、いきなり懇親会ということになってしっかりとお酒を飲みながら話すような入り方だと、お酒を飲まない人が雰囲気についていけないという意見があったことでした。確かに、オンライン飲み会の場合、お酒のピッチが上がりがちなので、飲まない人とのギャップが大きいと感じました。

また、オンラインセミナー中心の進行になるため、参加者同士の会話が少なくなってしまうので、もう少しゆっくり参加者同士の会話をする時間を作ってほしいという要望もありました。そこで終了後、1時間程度は交流会というこ

とで会話中心の時間とすること、またオンラインミーティングの場合は誰か1人しか発言できないので、ブレイクアウトルーム機能を使って5人ぐらいの小グループに分けて発言機会を得られやすいようにしました。ブレイクアウトルームは各部屋にランダムに参加者を割り振ってくれるので、だいたい20分〜30分で各人の自己紹介やその日のOSC参加の感想などを話してもらった後、もう1回シャッフルして話してもらうと1時間ほどの交流会となります。その後は、懇親会ということで、本格的にお酒を飲みたい人は飲み、抜ける人は抜けるという具合に進みます。オンライン飲み会の場合、お店の都合などもないので、話が盛り上がったりすると延々と話し続けていたりします。ある開催のときには、最終的に終わったのが翌日の朝4時などということもありました。

■ OSCオンラインの懇親会の様子。いわゆる「オンライン飲み会」スタイルでの開催です。

■ 地域を問わない反面、地域にフォーカス

このように、かなり荒っぽいスタートを切ったOSCオンラインですが、その後中止となった各地域での開催も順次オンラインでの開催に切り替えていきました。その当時、かなりいろいろな人に聞かれたのが、オンラインならどこからでもアクセスできるのだから、地域性は関係ないのではないかということです。確かに技術的にはその通りなのですが、いくつかの理由でオンラインで

も開催地域を設定しました。

　まず、コロナ禍が明けて各地域での現地リアル開催に戻すことを考えると、概ね毎年繰り返していた年間の開催スケジュールを崩さずに回しておきたかったことです。この順番を崩すと、再開する時期が来たときに調整をやり直す必要が出てきてしまうので、できるだけスムーズにリアル開催に戻せるようにしておきたいと考えました。

　また、OSCの開催は各地域にとっては年に1回の大切なお祭りです。オープンソースソフトウェアだけでなく、さまざまなIT、場合によってはロボットなどなど、周辺のハードウェア技術に関わっているエンジニアが一堂に会する総合的なイベントを開催する機会は少ないため、その雰囲気をそのままオンライン化したいという想いがありました。実際、オンラインだろうと地元の名前がついているから参加しやすいという声も多数聞いたので、オンラインでも出展する側、参加する側にはそれなりに地域性があったように思います。

　さらに、OSC自身が急遽オンライン開催の方法を試行錯誤することになったので、その成果を各地域のコミュニティに還元したいということも考えていました。一度OSCオンラインの開催形式を体験してもらえば、あとは同じ方法を真似するなり、自分たちなりにアレンジするなりしてコミュニティの活動をオンラインでも継続していけます。OSCというイベントの形ややり方自体が学びの対象であることは、リアル開催でもオンライン開催でも変わらない点です。

8-3　コロナ禍で考えたコミュニティ活動の本質

　コロナ禍によって集まることができなくなり、オンライン化したことで、コミュニティ活動の本質を改めて考える機会になったと感じます。

　第一に、OSCオンラインに参加する人数が以前に比べて大幅に減りました。オープンソースソフトウェアというものが世の中で普及し一般的になるにつれ、また情報がインターネット上に豊富に存在するようになるにつれ、コロナ禍以前から参加者が減少する傾向にはありました。この傾向が、コロナ禍とオンライン化でより顕著になったように思います。

　OSCが重視していた参加者同士の会話とは、単に双方向に情報を出し合うということだけでなく、積極的に相手の話を聞く「アクティブリスニング」を行うという場合もあります。基本的にコミュニティを構成するメンバーは、

情報発信が行えるか、受け手だとしてもある程度の積極性のある人が求められるので、OSCのオンライン化によってコミュニティ活動に参加している人とそうではない人にフィルタリングされて、前者だけが参加するようになったのだと思います。また、参加者同士の会話を楽しみにしていた人も、オンラインになることで会話が減ったり、リアルに対面できる懇親会が開催されなくなったりしたことで、オンラインの参加から足が遠のいてしまったのかもしれません。

このような状況を裏付けるように、OSCオンラインへの参加者以外の数字にも、その傾向が現れています。情報のインプットだけが必要なのであれば、リアルタイムにイベントに参加する必要はありません。後からYouTubeにアーカイブ化されたセミナーの動画から必要なものを選んで試聴すればよいわけですし、公開されている資料を見れば済みます。実際に、OSCオンラインへのリアルタイム参加は減っているにもかかわらず、YouTubeチャンネルへの登録数や動画の試聴回数は大幅に増えているので、情報の受け手という観点ではコロナ禍前よりも増えているのかもしれません。わざわざ会場まで足を運ぶ必要もなく、検索するだけで見つけられる情報という利点があるので、オープンソースソフトウェアに関する情報の需要自体はまだまだあることがわかります。

OSCの目的として、情報を発信していくことでオープンソースソフトウェアを世の中でさらに普及させていく側面もあります。この側面では、OSCのオンライン化はそれなりにメリットがあったように思います。一方で、メタ・コミュニティとして、コミュニティ同士、あるいはコミュニティと企業を結び付けていくという側面では、オンライン化はいくつかの課題を露呈することになりました。

■ コミュニティ参加のハードルがオンライン化でより高く

もともと、コミュニティに参加するのは普通の人にとってハードルが高いといわれていました。コミュニティで活動している人はそれなりにスキルが高い人が多いため、自分のスキルが低いと感じている人にとっては、コミュニティの中に入っての活動、たとえばコミュニティ内で情報交換をしたり、外部に対して情報を発信したりしていくのは難しいと考えるようです。

それでも、リアル開催されている勉強会に何度も参加したり、懇親会に参加してコミュニティのメンバーと顔見知りになって、徐々にコミュニティの中に入っていくというプロセスがコロナ禍以前にはありました。オンライン化することで、そのような接点が希薄になり、コミュニティの中に入っていくのが一

層難しくなったように思います。また、コミュニティ活動はギブ＆テイクの関係で成り立っており、場合によってはボランティア精神でギブのほうが多くなる傾向がありますが、受け身でテイクが多くなりがちなオンラインの特性が大きく影響してしまったようです。

OSCの場合、すでにある程度実績のあるコミュニティが多数参加し、かつメタ・コミュニティとしてもある程度成熟していたので、出展者および参加者の母集団が形成されており、コロナ禍の3年間をオンラインでコミュニティ活動を続けることができました。しかし、実情としてはコロナ禍以前の貯金を少しずつ取り崩しながら活動しているようなもので、コミュニティに新しい風を吹かせることはかなり難しかったようです。

■ メタ・コミュニティとしての発展もオンラインでは難しい

コミュニティ単体として見ても新しい人を取り込んでいくのがなかなか難しかったので、メタ・コミュニティとしてのOSCも新しいコミュニティや企業を取り込んでいくのは難しい状況でした。むしろ、これまで参加していてくれたコミュニティも、日常のコミュニティ活動をなかなかオンライン化できず、OSCにも参加できないというケースが目立っていました。企業においても、スポンサーをする費用対効果を説明できないといった理由で出展を取り止めるケースが増えていきました。

実際、2023年の春からOSCをリアル開催に戻したところ、オンラインの際に参加が難しかった既存のコミュニティや企業、そして新しいコミュニティや企業が積極的に参加してくれるようになりました。

■ コミュニティ活動のオンライン化は功罪相半ば

OSCをオンライン化したことによるメリットとデメリットを述べてきましたが、オンライン化することしか選択肢になかったことを考えれば、メリットの面はこれまでできていなかったコンテンツのアーカイブ化を推し進めたという点で大きく評価してもよいかと思います。

一方で、デメリットとしては、これまで少しずつ顕在化していたコミュニティの課題が加速されたという意味で、何らかの対策をしていくことが必要だと感じます。特にコミュニティ参加へのハードルの高さは普遍的な課題でもあるので、参加しやすいコミュニティへと変えていく必要がありそうです。

8-4 リアル開催への復帰

2020年2月にOSC東京の開催を中止した後、OSCオンラインとして3年間オンライン形式での開催を継続してきました。そして、2023年5月からの新型コロナウイルス感染症の5類感染症への移行もあり、2023年4月開催からOSCを従来通りの会場に集まって行うリアル開催形式に復帰させていきました。リアル開催の中止を決めたときと同様に、リアル開催へと戻すのも、5類への移行のほか、感染状況の見極めや行動制限に対する社会的な状況などを見極めながら、慎重に進めることにしました。

> ・オープンソースカンファレンス 2023 Tokyo/Spring
>
> 日程：2023年4月1日（土）　10:00～16:00
>
> 会場：東京都立産業貿易センター台東館7階

■ オンライン併催形式からリスタート

まず最初に検討したのが、どこまでリアル開催に戻すかということです。状況的には、2022年後半あたりから、徐々にリアル開催でのイベントが復活し始めていました。もちろん、あくまでも会場に集まるのは参加を希望する人だけで、発熱などの症状がある人は参加を見送る、会場での検温やマスク着用を徹底するなど、感染症対策をしっかり行うことが必要でした。

OSCとして最初に開催したのは、最も需要の多い東京での開催でしたが、ブース展示のみの開催としました。セミナーも併催する通常通りの開催に戻すには規模が大きく、大学や専門学校などの校舎をお借りする必要があります。しかし、開催中止を決断したときと同様に、もし開催によって感染が拡がるようなことがあれば、貸していただいた学校側に迷惑をかけることになります。

そこで、セミナーはオンライン形式で、日程も1週間ずらして開催する変則的なハイブリッド形式での開催としました。現実問題として、たくさんのセミナーを開催するにはオンライン形式のほうが都合がよく、またアーカイブによる二次的な視聴が見込めるなどのメリットが大きいため、今後も継続的に大きめのオンライン開催は続けていくこととしました。

■ ブース展示はやはり対面で

　先にも述べたように、オンライン化した際に最もうまくいかなかったのがブース展示でした。やはりブース展示のようなものは、実際に対面で行ったほうがよいとわかっていたので、まずはブース展示のみの開催から再開することにしました。当初、まだまだ様子見の段階だろうと思い、50ブース程度の出展者を見込んで会場を1フロアの半分で予約していましたが、あっという間に総定数を超えてしまい、会場の残り半面を追加で借りる必要があるほどの申し込みをいただき、最終的に約80ブースもの出展による開催となりました。

　来場者も450名と、セミナーなし、ブース展示のみの開催にもかかわらず、たくさんの人に足を運んでいただけました。特に午後には来場者が増え、各ブースで会話が弾んでいるのを見て、やっと以前の活気が戻ってきたと感じました。また、私自身も、会場のあちこちで「お久しぶり」と声をかけられて、終了時間までゆっくりするのも難しいぐらいでした。OSCは参加者同士の会話が重要ということを再確認できた開催でした。

■ 2023年4月、東京の開催の様子。久しぶりのリアル開催なので、午後にはかなり人が多くなりました。

■ オンライン併催は手間が多く断念

東京での開催はセミナー会場の確保が困難なこともあってオンライン開催併用でのリスタートとなりましたが、その後、ほかの地域での開催も感染症対策を慎重に行うために併用開催を続けました。しかし、各地域ごとに実質2回開催していることになるため、運営を受けもっている事務局側の負担が倍増してしまうという事態に陥りました。

従来通りの開催スケジュールを踏襲して、名古屋、北海道、京都、そして秋の東京と併用方式で開催を行いましたが、半年近くが経ってセミナー同時開催でも大丈夫だろうと判断し、それ以後はコロナ禍以前同様のセミナーとブース展示を同時に開催するようにしました。やっと、以前の状態に戻ったという感じです。

そして、長らくブース展示のみで開催していた東京も、2025年の春開催からは学校の校舎をお借りして、セミナーとブース展示の同時開催が可能になりそうです（本書執筆時点では調整中）。やっと全てコロナ前の開催形態に復帰できそうですが、あくまでも形が戻っただけで、以前からの参加者に出展者として戻ってきてもらうこと、そして、新しく参加してくれる人を増やすのは、まだまだこれからという感じです。

8-5　コロナ禍で得たコミュニティ運営の教訓

3年間という長いコロナ禍によってコミュニティ活動が大きく制限されたことで、コミュニティ運営についての数多くの教訓が得られました。改めて、それらについて、いくつかの観点からまとめてみましょう。

■ 継続は力なり

まず、何といってもコミュニティ活動は継続が重要ということです。コミュニティ活動を継続していくには、できるだけ活動をパターン化して、運営自体の手間暇をかけないということが大事になってきます。たとえば、集まりの開催日時を毎月第〇何曜日にする、会場はどこそこにするというような形です。

しかし、コロナの影響でこのようなパターンが使えなくなってしまい、かつオンラインに移行することができなかったため、活動が停止してしまうコミュ

ニティも少なくなかっようように思います。OSCとしては、いち早くオンライン化を行い、オンラインによるコミュニティ活動の在り方について学ぶ機会を提供したかったのですが、残念ながらOSCオンラインの場に来てもらえないのでオンラインでの活動についての気づきを得られないという結果になってしまいました。もちろん、活動の場をオンラインに移し、活動を継続したコミュニティもたくさんありますし、そのようなコミュニティがOSCオンラインを支えてくれました。現在ではリアル開催に戻しつつありますが、3年4年と長い間活動を停止していたギャップは大きく、以前の状態にすぐに復帰させるのはなかなか難しそうです。

20年前には地域でのコミュニティ活動が活発というわけではなかったので、改めて1からやり直せばいいだけの話ではありますが、細々とでも活動の火を灯し続けていればと思うと、少し残念に感じます。10年単位で考えれば、これからの第3の10年間でコミュニティ活動を活発にしていく再スタート地点にいる思いです。

■ コミュニティのテーマ設定は緩めがよい

多くのコミュニティが、それぞれ技術やプロダクトなどの中心となるテーマを持っています。それらのテーマが明確であればコミュニティの活動も明確にはなりますが、そのテーマについて何か新しい話題があるかどうかには波があります。コロナ禍におけるコミュニティ活動では制限が多いため、勉強会などの集まりも新しい話題がなければ開催はとりあえず見送りということもあったのではないでしょうか。

継続が重要ということと関係してきますが、テーマの設定にはある程度幅を持たせて、オンラインでも定期的にコミュニティの活動を継続できたほうがよかったように思います。OSCも、オープンソースソフトウェアというメインのテーマはありますが、それにこだわらず、周辺のテーマ、たとえばオープンソースハードウェアやオープンデータなどについても取り扱っていますし、地域開催の場合には地域で活動しているコミュニティであれば積極的に受け入れるようにしています。何でもかんでもOKにすると逆にぼやけてしまうのでバランスが肝心ですが、ある程度おおらかに受け入れるのがコミュニティの継続には大事だと思います。

■ リーダーの重要性と世代交代

　停滞したコミュニティに比べて、いち早くオンライン化を行って活動を継続できたコミュニティは、やはりリーダーの存在が大きかったように思います。OSCオンラインで得た知見を共有したことで、オンライン勉強会などを開催したコミュニティは数多くありましたが、リーダーがいち早くオンラインへの移行を決断していたからこそ、可能だったのだと思います。

　また、そのような変化は若手のほうが適応力が高いのか、次世代のリーダーとなる若手が取って代わって活動の中心となっていくケースも多かったように思います。ピンチはチャンスで、外的環境に適応するために世代交代を進めることができたコミュニティもあったのではないでしょうか。

第9章
コミュニティの内輪感問題と世代間ギャップ

　改めて、今後のコミュニティ活動は、どうあるべきなのでしょうか。
20年間のOSCの活動の中で出てきた、内輪感の問題や、世代間の
ギャップを中心に考えてみたいと思います。

9-1　OSCは誰のためのものなのか

　何度も触れてきているように、OSCは非常に多くのコミュニティや企業など
が集まった大きなメタ・コミュニティであり、組織体としての形を持っていな
かったり、明確なテーマを持っていなかったりなど、かなりあやふやな存在で
あるといえます。これは、あまり明確に決めすぎると、その枠組みから外れる
ことをするのが逆に難しくなるので、あえて曖昧なままにして柔軟かつ臨機応
変に対処できるようにしているためです。

　そのため、「そもそもOSCは誰のためのものなのか」という議論が起きまし
た。具体的には、もっと外向きになってオープンソースソフトウェアの普及啓
蒙活動を行っていくべきなのか、それともメタ・コミュニティとしてOSCを構
成するコミュニティのメンバーや企業の担当者同士のつながりをより密接にし
ていくべきなのかというテーマでの議論です。

　実際のところ、OSCはどちらの目的も追求しようとしているので、どちらを
優先すべきかということを決める必要はないのですが、それでも、ある程度メ
タ・コミュニティとしての成熟度が高まってくると、今後の方向性を決めるべ
きという意見が多くなりました。外向きになるのであればOSCのようなイベン
トを開催する以外にも対外的な行動をしていくべきですし、内向きで進めてい
くのであればOSCだけではない交流イベントを増やす必要があります。

111

このような議論は、OSCだけではなく、コミュニティとしての在り方を考える上でも有意義なので、議論自体はかなり以前に行われたものですが、改めて考えてみたいと思います。

■ 外向きの活動のメリットと難しさ

コミュニティは、そこに集まっているのがどのような人なのかにかなり左右されるので、メンバーはある程度多いほうがよいですし、多種多様な人が集まることで活動の幅も出てきます。そのようなメリットを考えると、それまでの活動ではリーチできなかった人にコミュニティを知ってもらい、活動に入ってきてもらうのは一般的なコミュニティの活動方針であるといえるでしょう。特に発展期にあるようなコミュニティであれば、新しいメンバーを増やして活動を活発にしていくことが大事になってきます。

一方で、誰かをコミュニティの活動に参加してもらうようにするのは、それなりの難しさを伴います。コミュニティに参加してもらうには、概ね次のようなステップを踏む必要があります。

1. コミュニティを知ってもらう
2. コミュニティの活動に一参加者として参加してもらい、コミュニティのよさを感じてもらう
3. コミュニティの活動に繰り返し参加してもらう
4. コミュニティの活動を行う側に加わってもらう

もちろん、必ずしもコミュニティの活動を行う側に加わってもらう必要はありませんが、より積極的なメンバーを増やすという意味では、ある程度の割合でそのような人が出てきてくれるようなコミュニティ活動が必要です。まずは参加しやすい雰囲気を作ったり、ある程度の頻度で活動を行ったりすることが必要でしょう。また、ちょっとした運営の手伝いをしてもらうなども、運営する側に入ってもらうきっかけになるのではないでしょうか。

■ 内向きの活動は既存メンバーの満足度の向上

内向きの活動は、コミュニティのメンバーを増やしていくというよりも、今いるメンバーで活動の質をより高めていくということになります。たとえば

勉強会のテーマを決める場合にも、外向きに考えると参加しやすいのは入門レベルにしてハードルを低くするような内容になりますが、質を高めるとより応用的な話になっていくので前提知識などの積み上げが必要となり、知識のない人が途中から参加することは難しくなります。

内向きの活動は、外向きの活動に振り向ける労力を減らして質的な向上に労力を割いていけるので、既存メンバーの活動に対する満足度は向上します。つまり、参加している人の得る満足度と、参加のしやすさはある程度反比例する関係にあると考えてよいでしょう。

ただし、内向きの活動に注力すると、参加が難しくなる分、内輪だけでやっているというように外側からは見られてしまうという弊害があります。もちろん、門戸を閉ざしているわけではありませんが、実質的な参入障壁が形成されてしまうため、内輪の集まりという雰囲気が醸し出されてしまいます。もともと、コミュニティにはそのような雰囲気が生まれやすい土壌があるため、十分注意しなければなりません。

■ 外向きと内向き、どちらにすべきかは コミュニティの状況による

外向きと内向きの活動、どちらも同じように行えればよいのですが、リソースの限られているコミュニティにおいては、ある程度どちらか一方に重きを置くということになるでしょう。

OSCの場合、当初は発展拡張段階にあったので、オープンソースソフトウェアに対する普及啓蒙活動をコミュニティと企業の合同で行うという外向きの側面が強かったと思います。実際に、東京での開催を春秋2回と頻繁に行ったり、さまざまな地域での開催を増やしていったことも外向きの活動重視といえるでしょう。

しかし、オープンソースソフトウェアに対する認知度がある程度向上してくると、コミュニティ活動に積極的な層、OSCなどのイベントに参加してくれる層、そして技術情報が取得できれば十分という層に分かれていき、新しいメンバーの流入もそれほど増えない時期が訪れました。まさにこのような階段の踊り場状の停滞期に、今後についての議論が起きたわけです。

113

■ OSCは成熟したメタ・コミュニティ

私自身としては、外向きの拡大路線は困難と判断しました。一番の理由は、OSCという存在自体はかなり成熟したメタ・コミュニティに育っていたため、外向きの拡大路線を採ろうとしても、アプローチできる潜在的なメンバー層が見当たらないと感じたからです。前述のように、インターネットなどで技術情報が取得できれば十分なのでOSCに参加しないという層が多く存在しているのはわかっていましたが、この層の興味や目的は多種多様です。そして、積極的にコミュニティの活動に参加するというようなリターンが不明確なことよりも、目の前の仕事を片付けられる、スキルやキャリアが高められるといった実利を重視する層でもあります。また、オープンソースソフトウェアという存在自体が当たり前のものとして受け入れられるようになったため、新鮮味をもって見られることも少なくなってきてしまいました。そのような価値観に合わせた活動を増やすのは、それまでに培ってきたOSCのよい雰囲気を壊してしまう恐れがあると判断しました。

もちろん、外向きの活動を諦めて一切行わないというわけではありませんが、OSC全体としては、そのときの状態を維持して持続的に活動が続けられるようにすることを重視し、外向きの活動については各コミュニティや企業、各地域など、OSCを構成するメンバーそれぞれが努力するという方針としました。その判断が正しかったかどうかはわかりませんが、目指したとおりに20年の活動継続につながっていますし、結束を固めることを重視したおかげでコロナ禍のような大波を乗り越えることもできました。今後も持続可能性を追求しつつ、既存メンバーの交流を深めることと、適度に新しいメンバーを迎え入れることができたらよいと思います。

9-2　興味対象の変化

コミュニティの今後を考える上で、世の中全体での興味のある対象の変化もしっかりと考慮しておく必要があります。OSCを開催してきた20年で、サーバー構築からWebアプリ開発、スマホアプリ開発、機械学習、生成系AIへと大幅に変化してきました。

■ 20年前はインターネットサーバー構築が主な興味の対象

OSCを初開催したのは2004年ですが、総務省の「通信利用動向調査」[†1]によると2004年当時の個人のインターネット利用率は66%で、1997年の9.2%から大幅に増加しており、インターネットを使うのは当たり前になりつつある時期です。そのため、情報提供に使用するWebサーバーや、電子メールのやり取りをするメールサーバーを構築する需要も高まり、その際にLinuxやオープンソースソフトウェアを活用して低コストにインターネットのサーバーを構築したいという要望に応える情報提供の場がOSCだったわけです。

■ Webアプリ開発からスマホアプリ開発へ

その後、静的なWebページ提供や電子メールのやり取りから、Webアプリケーションのようなアプリケーション開発を伴う層へと興味対象が変わっていきました。これらの需要にも、PHPのようなプログラミング言語や、バックエンドで動作するデータベースとしてPostgreSQLやMySQLなどの人気が高く、いずれもオープンソースソフトウェアだったため、OSCとはそれなりの親和性がありました。

しかし、その後プログラミングが広く普及していく過程で、オープンソースソフトウェアであることについてはあまり重要視されず、フレームワークなどを活用してどうやって効率よくアプリケーション開発を行うかというような方向に興味が移っていきました。そのため、OSCのようなインフラ層に興味があるエンジニアが集まるイベントは縮小傾向が進むことになりました。技術が多様化し、オープンソースソフトウェアであることが当たり前になったとしても、イベントとして全ての要素を包含することは困難であると感じた時期です。

■ 機械学習や生成系AIもオープンソースソフトウェアだが

その後、技術的なブレイクスルーがあまり起きず、エンジニアの興味も停滞気味の時期がありましたが、機械学習、そして生成系AIなどのブームがやってきます。

機械学習は、Pythonのようなプログラミング言語と、オープンソースソフトウェアとして提供されている各種フレームワークを組み合わせて行うことが

第9章　コミュニティの内輪感問題と世代間ギャップ

---

†1　https://www.soumu.go.jp/johotsusintokei/whitepaper/ja/r05/html/nd24b120.html

当たり前でしたが、すでにオープンソースソフトウェアという存在がコモディティ化しているため、誰もオープンソースであることに特別な価値を見出さないようになっていました。

さらに、生成系AIでは、大量のGPUリソースを必要とするため、個人や企業などが自身でシステムを構築して動かすことは困難で、Webサービスとして利用することが前提となりました。内部的にはオープンソースソフトウェアも使われているかもしれませんが、サービスを利用するユーザーからは完全にブラックボックスです。また、その他の生成系AIのソフトウェアがオープンソースソフトウェアとして公開、提供されるようになっていますが、あくまでもAIとしてどの程度使えるかという点が評価ポイントになっており、オープンソースソフトウェアであることによる可能性などは論じられることはほとんどないのが現状です。

今のところ、AIなどの領域でオープンソースソフトウェアの初期のようなコミュニティを形成して普及啓蒙活動を行っていくといった雰囲気は感じられませんが、今後、さまざまな選択肢が出てくることでコミュニティ形成の機運も高まってくるかもしれません。

第10章

新たなコミュニティ形成

　OSCを開催してきた20年で、コミュニティという存在は当たり前のものになってきました。そして、これからも次々と新しいコミュニティが生まれてくるでしょう。これまでの経験を踏まえて、新しいコミュニティがどうあるべきかを考えてみようと思います。

10-1　コミュニティの本質は自由でオープンであること

　まず、何よりもコミュニティの本質をきちんと捉えている必要があると考えています。コミュニティの本質とは、「自由であること」と「オープンであること」です。

　「自由であること」とは、コミュニティの興味対象について、どのような行動も可能であるということです。オープンソースソフトウェアのライセンスが開発の自由を保証しているのと同じように、コミュニティは行動に対して基本的に制限を加えるべきではないと考えます。もちろん、無制限の自由というわけではなく、他人に迷惑をかけないなど、当然の制限はあってしかるべきです。

　「オープンであること」とは、コミュニティが誰に対しても開かれており、誰でも参加できることです。また、コミュニティの活動についても透明性が保たれており、誰もがコミュニティのメンバーとして関われることです。もちろん、オープンであることについても、一定のルールに基づいた制約があってもよいとは思いますが、そのルール自体もオープンであることが求められます。

　このように、自由でオープンであることが、持続可能性のあるコミュニティの条件となっていくだろうと思います。

■ 行動規範は必要か

コミュニティの主催するイベントでよく目にするのが行動規範です。内容を一言でいえば「他人に迷惑をかけない」という当たり前のことが書かれているだけなのですが、このようなものが必要となるのは、いたしかたない事情があるとはいえ、非常に残念に思います。

行動規範が必要となるのは、もし迷惑行為を行う参加者がいた場合、主催者から警告を行ったり、場合によっては参加をお断りしなければならなくなったりしたときの根拠として使うことが考えられます。そのため、想定されるケースを幅広くカバーできるように、かなり長文の行動規範を掲げているコミュニティイベントもあります。

しかし、イベントの参加者は主催者の指示に従う必要があるというのは当然の社会的なルールで、明文化する必要もありません。いくらコミュニティが自由だとはいえ、一定のルールは存在します。主催者がイベントの秩序を守ることは義務でもあり、そのために参加者に一定の制限を加えることは当然許容されるでしょう。

幸いなことに、OSCではこれまで参加者が他人に迷惑をかけるようなことはほとんど起きておらず、また行動規範がなかったとしても主催側として毅然とした態度で対応するので、行動規範の必要性は感じていません。こういったよい雰囲気がこの先も続くように、行動を制限するのではなく、よい行動をするようなコミュニティ全体の雰囲気を作っていければと思います。

■ 自由すぎて戸惑うこともある？

OSCは非常に自由なコミュニティとして運営してきているため、行動規範に限らず、何々をしてはいけないというような制限するルールはありません。そのため、どこまでやっていいのかわからないという出展者側の声を聞くことがあります。

確かに日本では、学校などもそうですが、「ああしなさい」「こうしなさい」「これをしてはだめ」と明確にルールが設定されて、その中で行動することを要求されることが普通なので、OSCのようにあまりにもルールがないと戸惑うのはわかります。一方で、コミュニティの本質は自由なので、OSCのテーマであるオープンソースソフトウェアもまた自由であることが重要視されています。

各出展者から寄せられるアイデアも、物理的な制約などに引っかからなかったり、ほかの出展者との間で著しく取り扱いが異なってしまったりといった問題がなければ、基本的に何でもやっていいことにしています。もちろん、アイデアの実行においては、出展者にある程度の責任を持ってもらう形でお願いしています。これまでもいろいろな持ち込み企画をOSCの中で実行してもらいましたが、これからも突拍子もないアイデアが持ち込まれることを期待したいですし、そこからスピンアウトして新しいイベントやコミュニティ活動が生まれたらおもしろいと思います。

10-2　新しい酒は新しい皮袋に

　コミュニティに寿命のようなものはあるのでしょうか。OSCのようなメタ・コミュニティであれば、内部の構成を変えつつも、変わらないものと変わるものの両方を包含しつつ、ある程度は持続的にコミュニティ活動は可能です。

　その一方で、特に新しく世の中に登場した技術を扱うようなコミュニティの場合には、もちろん既存のコミュニティが取り上げることもあるかもしれませんが、新しいコミュニティを立ち上げていくのも、新陳代謝という意味では重要です。特に注目を浴びる新技術であれば、それまでコミュニティ活動に関わったことがない人がコミュニティに参加するチャンスでもあるので、新しいコミュニティの立ち上げが必須というわけではありませんが、適度に新しいコミュニティが生まれてくるのは必要なことだと思います。

　コミュニティ運営自体のノウハウは豊富に整っているので、若い人中心でがんばってコミュニティを作ってほしいと思います。それは、OSCの存在価値でもあります。

■ コミュニティのあり方が少しずつ変化している

　新しい技術を扱うコミュニティの様子を眺めていると、参加者同士の結び付きを強めるというよりも、純粋に新しい技術について情報を交換、共有することを目的にしたものが多いように感じます。以前は「○○ユーザー会」のように特定の製品を使っている人の集まりが始めにあって、そのグループの活動として勉強会などがあるのが普通でした。最近では、有志で企画して勉強会を開

催し、そのテーマに興味がある人が参加者として集まるという形が増えました。グループとしてまとまることよりも、タイムリーに新しい技術をキャッチアップしていくことを重視し、場合によってはフットワーク軽くテーマを変えた勉強会を開催しているという感じです。コロナ禍を経てオンライン勉強会が普及したこともあり、最初からオンラインのみだったり、リアル会場との併催によるハイブリッド開催も多いようです。コミュニティとしての在り方自体が少し変わったようにも感じられます。

　もちろん、新しいスタイルのコミュニティでも、勉強会の後に交流会、懇親会などを開催して、人と人のつながりを作る「ネットワーキング」の時間も取られていますし、今の世の中にあったスピード感や、人と人の距離感を保った、新しいタイプのコミュニティが今後は増えていくのかもしれません。

10-3　年長者は出しゃばらない

　既存のコミュニティに新しいメンバーを迎え入れたり、新しいタイプのコミュニティが生まれてくる場合、これまでのコミュニティ経験者である年長者はどうあるべきでしょうか。

　一番は、あまり出しゃばらず、これからの人たちのコミュニティ活動を温かく見守ってあげることだと思います。本書でもOSCの20年の活動の歴史や、活動で得たノウハウ、感じたことをあれこれと書いてきました。しかし、それはそれ、あくまでそういう時代に私が見て、聞いて、感じて、そして動いたことであって、これからのコミュニティ活動においては、それらの経験やセオリーは役に立つものもあれば、まったく時代遅れで役に立たないこともあると思います。

　年長者が出しゃばって、うまくいくように先回りしてしまうと、これからの人にとって必要な失敗経験を奪ってしまうことにもなります。小さな失敗を重ねて成長することもあるので、一歩引いて問題ない程度に失敗させてあげるのも大事なのではないでしょうか。

■ ほかのイベントのお手伝いは楽しくもあり難しくもあり

　1年間、ほぼ毎月のようにOSCを開催しているため、ほかのイベントと重なることも多々あるのですが、スケジュールが重ならない場合にはOSC以外のイベントに出かけて行くこともあります。また、何か手伝えることがあるようなら、雑用でもお手伝いするようにしています。OSCの場合だと、全体的な運営に携わらなくてはならないので、なかなか自分の好きなことをイベント内でやっているわけにもいかないのですが、このようなイベントなら単なるスタッフとして動けるので、それはそれで楽しいものです。

　ただ、距離感が難しいと感じる場合もあります。そのイベントのポリシーだったり、実際に運営を行っている人にもよりますが、準備不足だったり、認識違いでうまくいかない方法でイベントを進めようとすることもあります。運営当事者の中心にいないこともあるので、傍目八目でそういうものがよく見えたりもします。そのような場合、できるだけ口出しはしないようにはしていますし、気づいたことを少し伝えるだけにしています。それでも、来場者や講演者に迷惑がかかって大きな問題になりそうな場合には、まずはアドバイスから入り、それでも改善した内容での実行が難しいときにはこちらで引き受けさせてもらっています。そのようなときも、あまり差し出がましいことにならないように、踏み込み加減をよく考えて動くことを心がけるようにしています。「こうしたらいいのに」ということを黙って見守るのは、なかなか難しいですね。

第10章 新たなコミュニティ形成

第 4 部

OSCの思い出

Open Source Conference Chronicle

第11章 各開催地の思い出

OSCは20年間で、多くの地域で開催してきました。それぞれの地域の特色や楽しかった思い出などを紹介します。すでに参加したことがある人は「そんなこともあったよね」と一緒に思い出したり、今後、遠方のOSCに参加する際の参考にしたりしてください。これからOSCに参加しようと考えている、あるいは参加したことがあるOSCは近場のみという人は、各地のOSCの雰囲気を感じてください。

11-1 北海道

草創期から開催しているため、東京を除けば最も開催回数が多い地域となります。また、出展者、参加者もかなり多い開催です。

当初は北海道大学の校舎をお借りして開催していましたが、開催規模の拡大とともに収まりきらなくなり、外部の施設を借りて開催するようになりました。特にブース展示が多く、セミナー発表希望者も多いので、会場選びにとても苦労します。

全道から参加者が集まるイベントですが、本州と異なり、北海道内とはいえ札幌以外の地域との距離がとても離れているため、参加も大変です。主要な都市でいえば旭川あたりが近いのですが、それでもかなりの距離です。それ以外の函館や釧路などからの参加者は、自動車や列車なら移動だけで1日がかりとなります。それでも、年に1回のお祭りということで集まってくれる様子を見るのはとても楽しいものです。

懇親会も盛り上がります。ジンギスカンで貸切175名参加ということがありましたし、二次会三次会とすすきのの街に消えていくのも北海道ならではです。ぜひ一度参加してみてほしい地域開催の1つです。

■ 2014年6月、北海道での開催。セミナーだけではなく、ブース展示の数が多いのも北海道開催の特長。

■ 2014年6月、北海道での開催。北海道警察のブース展示では、セキュリティの啓蒙活動をアピール。北海道警察のシンボルマスコット「ほくとくん」も来てくれました。

11-2 仙台

　仙台は、やはり2011年の東日本大震災の直後の開催を強く覚えています。交通手段も限られていたので自動車で東北自動車道を北上していきましたが、道中に応援に行くのであろう警察のパトカー集団を見かけるなど、まだまだ緊迫した状態でした。また、宿泊先も限られており、遠征組で相部屋で泊まったのを記憶しています。それでも、無事に開催することができ、300人もの出展者、参加者が集まることができたのは、大きな成果だったと思います。

　仙台は、どうしてもこのときの開催の印象が強いのですが、それ以外の開催では東北特有のノンビリした感じだったり、前夜祭として名勝松島のクルーズ船に皆で乗ったりと、楽しく過ごしたことも覚えています。現在は会場選びなどの関係で開催が中断していますが、開催してほしいという声も増えているので、どこかで再開したいものです。

■ Hack For Japanのサテライト会場を設置し、他会場の様子を中継したり、災害復興支援のアイデアを募集していました。

11-3　岩手

仙台での開催に刺激されて、岩手県一関市でも開催したことがあります。セミナープログラムを事前に決めないアンカンファレンス形式で開催しました。それにもかかわらず、100人近くの参加者が集まった、なかなかの規模の開催となりました。

いい機会だったので、社員旅行も兼ねて社員総出で出かけていき、平泉の中尊寺金色堂などを探訪してきました。訪れるきっかけ作りという意味でも、よい開催でした。

■ 2012年4月、岩手での開催。スタッフTシャツの代わりに法被が用意されました。

■ 2012年4月、岩手での懇親会。オフィスのスペースをお借りして飲み会を開催。

11-4 会津

　同様に仙台での開催の流れから、福島県会津若松市でも開催しています。当時、会津若松市の市役所でオープンソースソフトウェアのオフィス製品を業務端末に導入するなど、オープンソースソフトウェアの利用を進めていたこともきっかけとなりました。2011年9月の初開催のときにはOSSC（Open Source Small Conference）という名称でしたが、これ以後はOSCに名称を統一したので、OSSCはこのときだけです。

　会津では、歴史ある温泉地の宿に宿泊したり、老舗の居酒屋で懇親会を行うなど、遠征組には楽しい開催となりました。また、歴史ある会津若松城、白虎隊ゆかりの地などを訪れて、歴史に触れることもできました。

■ 2011年9月、会津若松市での開催。

■ 2011年9月、会津若松市での懇親会の様子。老舗の居酒屋「籠太」で開催。

■ 会津若松市の若松城。別名鶴ヶ城。OSCのついでの観光は城が多くなります。

11-5 新潟

　東京、北海道、沖縄に続いて、いち早く開催した開催地です。また、現在でも続いている「セミナーと展示を同じ会場で開催するスタイル」は、初期のOSCでは新潟と沖縄で採用していました。少人数開催の場合、ブース展示をしている出展者もセミナーを聞くことができるという合理的なスタイルを確立できたのは、新潟での開催の積み重ねがあったからこそだと思います。

　前夜祭や懇親会では、酒処だけあって日本酒がとてもおいしいです。開催後にも連れだって地元の酒蔵を巡ったりすることもあり、日本酒好きの人にはぜひ参加してほしい地域開催です。

■ OSC長岡の懇親会の一幕。さまざまな日本酒を飲み比べできます。

■ 新潟での開催の際に必ず食べるへぎそば。

11-6　群馬

OSCを群馬でも開催してほしい！という希望のもと、高崎駅の駅ビルに入っている家電量販店のイベントスペースを借りての開催という、かなり型破りなOSCとなりました。

関東圏からもアクセスしやすいので、それなりに出展者も参加者も集まり、楽しいOSCでしたが、その後は何となく開催がうやむやになってしまいました。

■ 2016年5月、群馬での開催。想定以上に多くの人が集まってくれました。

11-7　東京

東京でのOSCの開催は、とにかく会場選びとの戦いです（現在進行形）。もともと、日本電子専門学校の校舎をお借りして開催するところからスタートし、大田区産業プラザ（PiO）、日本工学院専門学校、明星大学、早稲田大学など、会場を転々とすることになりました。

全盛期ほどの参加人数はありませんが、現在ではOSCメタ・コミュニティの定例会として、また新しい企業やコミュニティの参入も適度にあるので、会場選びが難しいことには変わりありません。まだまだ開催は継続しそうです。

■ プラレールで作成した加算機。毎回、さまざまな回路を作ってデモをしてくれています。

■ 2019年秋の開催、片付け終了後にスタッフで記念撮影。明星大学の矢吹先生には大変お世話になりました。

■ 2013年10月、東京での開催がちょうど通算100回。お祝いのケーキをいただきました。

11-8　千葉

　千葉開催は、東京開催のスピンオフのような形で企画されました。当時、東京開催は多摩地区にある明星大学の校舎を借りていましたが、千葉に住んでいる参加者からすると東京をほぼ横断する形になってしまい、遠すぎるという意見がありました。そこで、千葉工業大学の校舎を借りて、主に千葉在住の人と、千葉工業大学の学生の皆さんをターゲットにした開催でした。

　それなりに盛り上がりましたが、その他の地域での開催スケジュールが過密で東京で春秋2回開催する以外にさらに関東地域での開催を押し込む日程的な余裕がなかったため、その後は企画がお蔵入りしてしまいました。機会があれば、また改めて開催したいですね。

11-9　浜松

　東京と名古屋の中間地点であることと、静岡県内でも製造系の企業が多い地域でもあって組み込みなどの開発が盛んということで開催されるようになりました。ヤマハ、ローランド、バッファローなど、著名な企業も多く存在しています。

　毎回、懇親会は地元のドイツスタイルの地ビールを醸造している大きなビアレストランで開催していて、私の好きな懇親会会場の1つです。

11-10　名古屋

　名古屋での開催は、初期のころは名古屋市立大学の校舎を借りていましたが、規模が大きくなるにつれて手狭になってしまったため、紆余曲折を経て現在の吹上ホールでの開催となっています。展示会場の広さとしては、全ての展示ブースを1つの会場に収めているという点で、随一の規模の開催といえます。

　名古屋開催では、手伝ってくれたスタッフをねぎらって、前日準備があったころは会場のすぐそばにある手羽先のお店で前夜祭的な飲み会を開催していました。現在では前日準備が大幅に減ったため、当日の懇親会での焼き肉パーティーが楽しみとなっています。

　また、地元企画を積極的に行ってくれたり、次々と有望な若手が出て来たりと、不思議な開催地でもあります。関東からも近畿からも参加しやすいため、地域間交流の場としての開催となっているのも興味深い点です。

11-11　京都

　関西での開催は、大阪よりも京都のほうが早かったのですが、これはOSCを京都で開催したいという要望を先にいただいたからという単純な理由によるものです。当初は京都コンピュータ学院の校舎を借りていましたが、特に展示スペースが完全に不足しているということで別の会場を探したところ、京都リサーチパークで開催できることになりました。ただし、最も暑い時期で会場貸

出が空いてるからという理由で借りられることになったので、7月末から8月上旬という、出展者や参加者にはあまり優しくない時期での開催となっています。とはいえ、京都の暑い夏を感じられるという点では、それもおもしろいかなと思っています。

　開催規模がそれなりに大きいので、事務局スタッフもいつもより多めで現地入りするようにしています。全体としての前夜祭はないので、前日の準備が終わった後は事務局スタッフで食事に行くのが慣例となっています。お蕎麦と日本酒がおいしいお店によく行くのですが、これも京都開催の楽しみですね。

　京都の開催は、学生の皆さんが独自の企画をしてくれるのも楽しみの1つです。毎回同じというわけではなく、その時々で異なっていることと、複数の学校が合同で企画開催してくれたりするのも、ほかの開催にはないスタイルなので、今後も伝統として続けてもらえるといいですね。

■ 2007年7月、京都での開催の様子。仮想化などの技術が広まり始め、オープンソースの実装も増え始めたころ。

11-12　大阪

　大阪はOSCとは別に、『関西オープンフォーラム』という地域コミュニティ主導型のイベントが開催されていたので、OSCを開催するのはワンテンポ遅れてのスタートとなりました。ただ、同じ関西の京都開催に比べると、企業スポンサーからの開催要望が多めなのが違いというところでしょうか。

　当初は大阪駅前の貸し会場を借りて開催していましたが、会場コストとの兼ね合いであまり広いスペースを取ることができなかったことから、現在は大阪市が所有している商工向け施設を借りています。作り付けの展示ブース設備やプレゼンテーションステージなどもあるので、ほかの会場に比べると展示会然としたところがある開催です。

11-13　神戸

　関西では京都、大阪と並んでの人口集積地でもあり、神戸でもOSCを開催していました。ただ、地域としてのデジタル利活用の方向性が、OSCがテーマとしているオープンソースソフトウェアを活用したシステム作りなどよりも、メディアコンテンツなどに寄っていたため、それなりに参加者も集まっていたのですが、盛り上がりという点では今一つの結果となってしまい、開催は中断してしまいました。

　OSCはメタ・コミュニティとしてかなり幅広いテーマを扱えるように設計していますが、何でも含めるというわけにはいきません。地域としてのメインテーマがOSCの方向性と異なるのであれば、たとえ多くの参加者が見込めるにしても、無理に開催する必要はないと感じています。神戸であれば、京都や大阪の開催に出展、参加してもらえばよいわけですから。そういう意味で、勉強になった開催地です。

11-14　香川

　四国では4県全てで開催していますが、比較的参加者が多いのが香川県です。会場は高松駅の駅前にある自治体のIT情報発信施設をお借りできているので、開催もしやすくなっています。

　香川といえば、うどん県。終了後には、うどんを食べに行く遠征組が多いようです。私は何度か金比羅さんにお参りに行っていますが、毎回あの長い石段を登るのが辛いですね。

11-15　高知

　高知県も、OSC開催があったので行くことができた県の1つです。

　開催翌日、桂浜まで行ったのをよく覚えています。ちょうど坂本龍馬の誕生日近辺だったこともあり、大きな坂本龍馬の像の頭の高さまで上がれる櫓が組まれていて、景色がよかったのを覚えています。以降も開催したいという話が出てはいますが、実現できていません。また改めて、ゆっくりと行ってみたいですね。

■ 高知県桂浜にある坂本龍馬の像で記念撮影。

11-16 愛媛

　愛媛県といえばみかんですが、なぜか開催の際にみかん農家さんからみかんを提供していただき、来場者にみかんが配られました。愛媛県らしいといえば愛媛県らしい企画でしょうか。そのときに提供いただいたみかん農家さんとは今でもつながりがあり、おいしいみかんを送っていただいたり、一度現地まで訪問してみかん畑を見せていただいたりもしました。OSCがきっかけで、不思議な縁ができるものです。

　2024年には、久しぶりに愛媛県でOSCを開催をしようということで企画が始動していたりもします。四国での開催もコロナの影響で途絶えてしまっていたので、これをきっかけに再び四国4県持ち回りでの開催が始まるかもしれません。

■ 2012年3月、愛媛での開催。LTの終了を知らせるドラの代わりに和太鼓が用意されました。

■ 2012年3月、愛媛での開催。来場者に配られたみかんやみかんジュースの説明。

11-17　徳島

　香川県、高知県、愛媛県とOSCを開催してきたので、徳島県でもOSCを開催して四国4県持ち回りはコンプリートです。徳島県は県の行政が開催をかなり強くバックアップしてくれたのを覚えています。

　徳島県といえば鳴門海峡の渦潮ですが、OSC徳島終了後に渦潮を見に行ってきました。なかなかの迫力でした。

■ 2013年3月、徳島での開催。地元のキャラクター「すだちくん」が来てくれました。

11-18　広島

　広島は、関西や福岡からは若干遠いということで、中国地方の中心的な開催としてOSCを毎年開催しています。

　幸いなことに、市街地の中心部に広島の複数の大学の共同施設があるため、毎年その施設を使わせていただいています。ゆったりとした広さの会場なので、特にブース展示が盛り上がる地域となっているのも、ほかの開催地と比べての特徴です。

　前夜祭にお好み焼きに行ったり、焼き牡蠣をたくさん食べたり、宮島に観光に行ったりと、観光も満喫できる開催地です。でも、広島カープ優勝記念パレードの日と開催が重なったときには、会場周辺の人出がものすごいことになっていて驚きました。恐るべきカープパワー。

第11章 各開催地の思い出

■ 2011年11月、広島での開催。どの味のもみじ饅頭が人気かテストする謎の企画。

■ 2015年9月、広島での開催。毎回、識者を招いたパネルディスカッションを企画しています。

143

11-19　島根

　島根県松江市は、プログラミング言語Rubyを中心にIT産業を盛り上げようという取り組みをしており、その一環でかなり早い時期からOSCを開催しています。日常的な地域コミュニティ活動や、規模の大きいRubyのイベントを開催していることもあって、OSCも基本的に地域の皆さんで準備して開催してくれています。私としても、かなり気楽に、単なる一出展者ぐらいの気分で参加できるので、毎回楽しませてもらっています。

　出雲そばが有名なので、当日のランチは近くのおそば屋さんで出雲そば独特の割子そばをいただいています。小さくて丸い器が積み重なっており、上から順番におつゆを直接かけていただく独特のスタイルです。ぜひ一度現地でご賞味いただきたいものです。また、日本酒がおいしい土地でもあるので、毎回いろいろな酒蔵の日本酒を堪能させてもらっています。国宝松江城などもあるので、観光とセットでOSCに参加してみてはいかがでしょう。

■ 2011年11月、島根での開催。長く実行委員長を務めていた、きむら しのぶ氏のライトニングトーク。

第11章 各開催地の思い出

■ 2011年11月、島根での開催。LTの終了を知らせるドラは毎回大型のものが準備されます。

■ 島根での開催の際に必ず食べる割子そば。

145

11-20　山口

　山口は比較的新しい開催地域です。まず最初にオンライン形式で開催し、その後山口大学のOB会の施設を使ってリアル開催を行うという、今までにないスタートの仕方をしました。

　2023年はOSC福岡の翌日に開催したこともあり、私自身はOSC福岡の懇親会終了後、自動車で山口の会場まで移動という方法を採りました。1つの会場でセミナーと展示を行い、さらに講師もリモートから入るハイブリッド形式も採り入れた、なかなか意欲的な開催でした。地元からの参加者を中心に、学生の皆さんも含めて50名程度のちょうどよい人数での開催となりました。今後、OSCを開催したことがない地域が参考にしてもよい構成といえるでしょう。2024年は愛媛の翌日開催を企画しているとのことで、愛媛からフェリーで本州に渡った後に移動するということになりそうです。

11-21　福岡

　福岡は、初回の開催から非常に多くの出展者、参加者が押し寄せて会場が手狭になってしまい、すぐに地元の大学、専門学校の校舎を持ち回りで開催するスタイルへと変更することになりました。全体的に学生、若手のエンジニアの皆さんが参加してくれる活気ある地域開催といえるでしょう。

　会場が学校になることが多いため、懇親会はそのまま会場で行うことも多いので、学生の皆さんと対話することも楽しみの1つです。学生が多いのは北海道、京都、そして福岡という感じでしょうか。

　毎回、博多中洲の屋台に飲みに行くのも楽しみです。行きつけの屋台があるなんていうのも、なかなか乙なものではないでしょうか。

11-22 大分

　大分は以前からICT導入に対して自治体が熱心だったこともあり、オープンソースソフトウェアに対する取り組みも早くから始まっていました。そんなところから、OSCの開催も比較的早くからスタートしていました。

　しばらく開催が中断してしまっていますが、久しぶりに開催したいという声も聞こえてきます。別府温泉や湯布院温泉もありますし、おいしいふぐを食べに行くのもいいですね。

11-23 沖縄

　草創期の2005年から開催している、最初期開催地の1つです。やはり県外の出展者から絶大な人気となっている開催地域です。一度、開催の当日朝、小さい台風が直撃して荒天でしたが、台風が去ってしまうとものすごく暑くなったということがありました。台風一過というやつですね。

　南国らしさといえば、会場のすぐ目の前がビーチとなっていて、予約しておくとバーベキューができるようになっています。沖縄ではビーチパーティーといって、夕暮れどきからビーチでバーベキューをする習慣があるようです。懇親会でビーチパーティーを何度か行いましたが、ビーチで泳いだりオリオンビールを飲んだりと、ほかの開催地にはない沖縄ならではの開放感のある懇親会でした。

　コロナの影響もあってしばらく開催できていませんが、そろそろビーチパーティーもセットで開催したいですね。ただ、開催会場が遠くて不便という意見から、那覇市内の施設で開催するようになったので、会場を元のところに戻すことから始めないといけないかもしれません。

■ ビーチパーティー懇親会を開催している目の前の人工ビーチで海水浴。

第12章

寄稿「OSCと私」

本書を執筆するにあたり、OSCに関係している多くの人に、「OSCと私」というテーマで寄稿していただきました。いろいろな立場で参加した皆さんの感じたOSCについて、ぜひ読んでいただければと思います。

12-1　OSCと私の19年

氏名：あっきぃ（大内 明）

所属：Ejectコマンドユーザー会、Japanese Raspberry Pi Users Group、日本仮想化技術株式会社（VTJ）

■ 初めてのOSC

私が初めてOSCに参加したのは、2005年の高校2年生のときのOSC 2005 in Hokkaidoでした。そこから東京開催にも通うようになり、高校を卒業してびぎねっとに就職（のちVTJに転籍）し、あっという間に17年が過ぎてしまいました。つまり、私のOSCの参加歴は19年ということになります。近ごろ「人間の一生はあっという間だなあ」などと思ったりしているのですが、OSCのコミュニティで楽しく交流してきた日々もあっという間に過ぎていました。

今のOSCでの活動は、主にEjectコマンドユーザー会とJapanese Raspberry Pi Users Groupの2つですが、そもそもはOSASK計画コミュニティでOSCデビューしました。中学2年のころに川合さんのOSASK計画を偶然見つけて、気がつけばメーリングリストとIRCに入り浸るようになり、OSASKアプリでC言語を勉強したり雑談したりしていました。そうしたところ、川合さんから「今度OSCが初めて北海道の札幌で開催されるんだけど参加しない？」と声をかけていただいたのがOSC参加のきっかけでした。

地元の北海道根室市から1人で夜行バスに乗って、0泊2日という強行軍で札幌遠征をしたのはよい思い出です。初参加のOSCでは、OSASKのノベルティとして缶バッジの配布を企画・制作を行い、デモ用の機材にLibretto 50を持ち込んで展示しました。やっていることは今とほぼ変わりないような気がします。ちなみに、そのLibretto 50は、2013年のOSC100回記念リレーブログで寄稿したときも、現在も健在です。タフすぎる。

■ OSC 2005 in HokkaidoでのOSASK計画のブース（左）と川合さんのセミナーの模様（右）。

■ ラズパイとEjectコマンド

ラズパイに熱中しだしたきっかけも、OSASKのIRCで「小さくてOSASKが動くパソコンがあったらいいよね！」という会話から、あのころの理想のPCが現実になったぞ！と飛びついたことなので、OSASKと川合さんに出会って、そんな会話をしていなければ、ラズパイは触っていなかったのかもしれません。

Ejectコマンドユーザー会は、OSC遠征中に、自宅で飼育していたハムスターの世話をするため、2009年に開発したEjectコマンド工作がきっかけで始めたもので、今でいうIoTのようなものでした。今では自宅の何かしらのリモート操作をするにしても、ラズパイなどで簡単に実装したり既製品を安価に導入したりできるようになりましたが、当時はそんな手軽なものは何もなく、電子工作ができなかった私のスキルでできるリモート操作のソリューションは、アレしかなかったのです。最初に発表したLTが大ウケしたのをきっかけに、各地でゆるゆる発表を続けていたところ、法林さんから「もうユーザー会にしちゃいなよ」とそそのかされ、2011年から会と名乗るようになりました。

とはいえ、基本的には昔も今もほぼ1人ユーザー会です。やめる機会はもはや完全に逃しましたが、途中からEjectコマンド工作にラズパイを使うように

なったおかげで、ラズパイを作ったEben Upton、Liz Upton夫妻の来日時に見つかり、顔を覚えられて今に至るので、あれが一発ネタで終わっていたら、やはり今日の私はないのでしょう。

■ ラズパイとEjectコマンド工作で作ったハムスターの給餌器。

これからのOSC

　長くOSCに参加していると、かつて私が川合さんの影響を受けたように、私に影響されてOSCやオープンソースのコミュニティに関わるようになったという人も現れるようになりました。私自身は他人に影響を与えるような大したことをしてきたつもりはないので、そんな話を聞かされるとすごくムズムズしてしまうのですが、オープンソースで遊ぶ楽しさなどを伝えられていたのならうれしいなと思う次第です。

　コミュニティ活動以外では、びぎねっとの業務としてOSCのサイト管理を任されるようになって以来、現在も物理サーバーからCMSのメンテナンスまで、まるっと私が管理しています。近頃はOSの入れ替えを検討し始めていますが、OSC開始当初から使用されていて、まだ一部に残っているXOOPSから卒業できるかどうかが最大の課題となっています（笑）。

　これからも、コミュニティ活動と中の裏側の人（？）として、OSCを盛り上げていけたらと思っています。

12-2　OSCと私と私の自作OS

氏名：大神 祐真
所属：へにゃぺんて

■ はじめに

　2004年に始まったOSCが2024年で20年ということで、おめでとうございます！　私は「へにゃぺんて」というコミュニティで、主に北海道と東京で出展している大神 祐真と申します。へにゃぺんてはコミュニティとしつつも個人の活動です。「自作OS」という活動を軸に「これぞ自分だ」と呼べるようなOSを作るべく、独自なOSを独自な方法で製作しています。そして、その知見や製作したOS自体、あるいはその解説などを同人誌や同人作品という形で公開・頒布しています。これを執筆している2024年6月現在で直近の出展はOSC 2024 Tokyo/Springでした。

■ OSC 2024 Tokyo/Springのブース展示の様子。

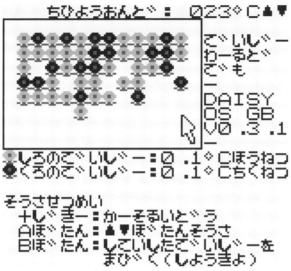

■ 製作中の独自なOS「DaisyOS GB v0.3」の画面。

　独自性を求めて、今はこのような（一見何だかわからないような）ものを「OS」として作っているのですが、ここに至るまでOSCからはさまざまな影響を受けています。その感謝も込めて、これまでを振り返ってみたいと思います。

■ 一般参加の思い出

　私のOSCへの初参加は2012年の北海道で、出展側ではなく一般参加でした。当時、大学の研究室で「ETロボコン」というライントレースロボットを製作する大会に参加しており、OSCにはその実行委員会も出展していたため、本番コースで試走が行える貴重な機会でした。それがOSC初参加の目的でした。

　とはいえ、「せっかく参加するなら」とセミナーの受講やブースの見学もしていて、中でも印象に残っているのがKOZOSプロジェクトの坂井 弘亮さんによる『アセンブラを読んでみよう！』というセミナーで、CPUが直接解釈し実行する「マシン語」と基本的に一対一に対応する「アセンブラ（アセンブリ言語）」を、さまざまなCPUについて読んでCPUごとの特徴を見てみるという内容でした。衝撃的だったのは、その方法です。アセンブラを理解するには、対象とするCPUの仕様書（データシート）を参照して個々のCPU命令を理解していくのが基本的なやり方でしょう。しかし、このセミナーでは、坂井さん

が行われている「フィーリングでアセンブラを読む」という方針に基づいて、「簡単なソースコードをコンパイルし、その中間ファイルとして生成されるアセンブラを、元のコードと突き合わせることでアセンブラを理解する」という方法でした。この「独自な方法で低レイヤーに取り組む」というところが私には衝撃的で、当時はまだ「独自なOSを作る」という考えはありませんでしたが、その衝撃は今でも覚えており、私の活動はその影響を受けていると思います。

　その後、しばらくは一般参加で北海道のOSCに参加していました。印象に残っているのは、2015年のEjectコマンドユーザー会（当時）のあっきいさんによる『Ejectコマンド工作、その魅力に迫る。』というセミナーです。そこでは「Ejectコマンド」によるCD-ROMドライブの開閉を活用した作品の数々が紹介されていました。独自色の強い取り組みですが、それゆえに、とてもおもしろかったです。私の取り組みも独自であるぶん、理解はされずとも、せめておもしろがってもらいたいと考えて見せ方を工夫している（つもり）なのですが、そのような考え方もこのセミナーの影響を受けてのものです。

ブース出展を始めてから

　そして、2017年の北海道で初のブース出展を行いました。当時、初めて完成と呼べるところまで製作した自作OS「OS5」の同人誌を執筆したタイミングだったので、その同人誌の頒布とOS自体のデモ展示を行いました。

　当日はさまざまな人に同人誌を読んでいただけましたが、特に前述の坂井さんに読んでいただき「よいね」とお褒めの言葉をいただけたのは、とてもうれしかった思い出です。なお、OS5は簡単なシェルが動く程度のCUIオンリーのOSでした。

```
Welcome to OS5!                                    uptime:0036
Now Loading ... Completed!
OS5> echo hello
hello
OS5> bg uptime
OS5> hogehoge
Command not found.
OS5> readl 20001000
00000000
OS5> writel beefcafe 20001000
OS5> readl 20001000
BEEFCAFE
OS5> whoareyou
OS5
OS5> whoareyou -v
Operating System 5
OS5> _
```

■ OS5の動作画面

　その後、関東に移住し、東京のOSCへ出展するようになりましたが、北海道にも遠征して出展しています。OS5を作った後は、「ゆあOS」と後に名付けるOSを作り始めました。OS5はQEMUという仮想マシンで、なおかつ32ビットのアーキテクチャで動くOSでしたが、「自分のPCを直接制御してみたい」という思いから、64ビットだった自分のPC向けに作り始めたのがゆあOSです。また、OS5はOSCで発表するころには、ある程度完成していましたが、ゆあOSに関してはOSを構成する技術要素を作ってはそれを同人誌にまとめ、OSCなどのイベントで公開・頒布するという流れで、OS製作と出展を繰り返しながら行っていました。そのため、イベントはOS製作の励みになっていました。

　OSCの閉会式の際に行われるライトニングトークにもたびたび登壇しており、ゆあOS上で画像表示の機能ができてきてからは「自分のOSで発表する」ということも行っていました。これも「おもしろがってもらいたい」という考えで行ったものです。実際、聴講していただいた人からもそのような反応をいただけたことで、OS製作もライトニングトークのネタになるように考えるようになり、ゆあOSに関してはどこかPCゲーム風（？）なUIを実装したりしていました。

■ PCゲーム風の「ゆあOS」の動作画面

　OSCのLTを通じて「おもしろがってもらいたい」という思いから独自な要素を加えるようになりましたが、やがて「独自にしていく」というのも自作OSの1つの醍醐味ではないかと考えるようになりました。そして、より独自なOSを考える中で「ファイル」や「プロセス（アプリ）」といった現代の一般的なOSが持つ概念からの脱却ということに至りました。

　これはどういうことかを説明するためには、まずファイルやプロセスといったものがどのように実現されているのかを理解する必要があります。基本的にはハードウェア側にそのような機能はなく、OSのレイヤーでソフトウェア的に実現されています。すなわち、ハードウェア上では0と1の並びに過ぎないバイナリデータを、OSによってファイルとして扱ったりプロセスとして扱ったりしています。そのようなことから、「独自なOS」を考えるのであれば、ファイルやプロセスといった概念から考え直してはどうかというわけです。そこで、現在取り組んでいるのが「生物」という概念で、「バイナリデータを生物として扱うOS」を検討し、開発しています。私の趣味もあり、レトロゲームハード向けに実装したものが冒頭に掲載した「DaisyOS GB v0.3」です。

　この「バイナリデータを生物として扱う」という考え方や理論などを「バイナリ生物学」と名付け、同人誌にまとめてOSCなどで頒布していました。そして、ありがたいことに前述の坂井さんが、私が独自な活動を継続していること

を認識されていて、主査である「セキュリティ・キャンプ ネクスト」という
IPA主催のイベントで2022年に講師として招いていただき、バイナリ生物学
をテーマに講義を行いました。2023年にも、別のテーマで講義を行いました。

おわりに

OSCに出展する前は、その後の活動を方向付けるような刺激をもらい、出展
するようになってからは活動のモチベーションとなっています。私の活動は技
術系のイベントで、中でも技術やソフトウェア自体に焦点を当てたイベントで
は、発表できるような場がOSCくらいしかないため（私が知らないだけかもし
れませんが）、とても貴重な場です。最後になりましたが、これまで本当にあり
がとうございました。今後も、独自で（変な）活動を続けていくと思いますが、
温かく受け入れていただけると幸いです。

12-3　OSC参加・登壇・展示（2018〜2024）

氏名：新田 淳
所属：オープンソースソフトウェア協会（OSSAJ）

自己紹介

新田 淳と申します。connpass上では「odagu」を名乗っています。生まれは
沖縄、現在は関東在住、OSCには東京開催イベントとオンラインイベントに参
加しています。本業は製造業に従事する機械関係の技術者です。縁あってここ
数年間OSCに参加しておりますが、特にソフトウェアやITに詳しい技術者と
いうわけではありません。

こんな私がOSCに参加して、登壇し、2023年には展示側人員までも経験し
ました。未来のOSC参加者が参加・登壇・展示側に立つ際の利益になればと
思い、私自身の記録と記憶を残します。本稿が有用な文書であるか否かは、
読者の判断に委ねます。

また、私はオープンソースソフトウェア協会（OSSAJ）の一般会員でもあり、
OSC参加を継続していることはOSSAJの活動に関わったことと深く関係があ
るため、この点についても触れていきます。

■ OSC以前

人生で最初に触ったプログラミング環境はMSX-BASICで、20代には Fortran77/90を使っていたと聞けば、私の実年齢を推定できるかもしれません。

大学在籍時代から現在の所属企業での勤務までを通じて、金属材料を変形させたり切断したり破壊したりする技術に従事してきました。今では金属加工に関わる仕事ならば何にでも関わる立場になりましたが、約8年間在籍した大学での研究テーマは金属変形のシミュレーション技術（CAE：Computer Aided Engineering、計算機援用工学）でした。当時はUnix/Linux系の開発環境でCAE用のコードを読み書きをしており、特にシェル、パイプ、リダイレクション、フィルタというパワフルな仕組みがお気に入りでした。これらをUnix/Linux環境で利用してコーディングや実行結果の分析を行って感動していました。たとえば、Fortranとmakeで大きめの規模のソースコードを書いたり、tcshとPerlの組合せで一発でデータ分析ができたりすると、とても気持ちよかったものです。

■ 2018年2月、OSC初参加

会社員になって以降もLinux環境を触れる機会はあったものの、担当業務の都合上、毎日フル活用する立場ではありませんでした。そんな日々を過ごしていると、大学時代に触れたソフトウェアの世界、OSSの世界がどのようになっているかなどと、ふと懐かしく思い出すことが時々ありました。そこでOSSの現状を把握できそうなイベントがあれば参加したいと考えて検索・調査したところ、見つかったのがOSCでした。思い返せば、私のOSCとの初接触は最新技術への興味関心よりも、かつて利用したUnix/Linux環境へのノスタルジーが主たる動機だったのでしょう。

最初に参加するOSCとして選んだのは、東京都の明星大学で開催されたOSC 2018 Tokyo/Springでした。千葉県内房エリアの自宅から日帰り旅程で参加する予定でしたが、当日出発前にトラブルが発生したため、会場到着が閉会1時間前になってしまいました。参加予定だったセミナーには間に合わず、残りの短い時間で展示ブースを回りましたが当時の私が理解できそうな技術は見当たりませんでした。「しまった、今日はなんだか恐ろしいところに来てしまった……」と、敗北者の心持ちで逃げるように帰宅しました。全て自分のせいなのですが、OSC初参加は苦い思い出になりました。

2020年6月、リモート開催への初参加

　2018年の初参加以降、OSCへの足は一旦遠のいてしまいました。正直にいって、初回参加の苦さを思うと、現代的なソフトウェア技術を理解する自信がなかったのでしょう。その殻を破ることになる外的要因は、2020年以降のコロナ禍です。世の中でリモートワークが奨励され、対面イベントの中止が相次ぐ中で、またもやふと思い出したのです。「1回だけ行ったOSCってあったよな、明星大学でやってたやつ。あれって、ひょっとして今はリモート開催しているのでは？」と思いつき、connpassでOSCのリモート開催状況を調べました。それで、最初に参加したリモート開催は、OSC 2020 Online/Hokkaidoだったと思います。完全に興味本位のみで、予習もほとんどしていなかったはずですが、わからないなりに楽しかった気がします。明星大学での敗北者の胸中にはOSCに対する好奇心はまだ残っていたのでしょう。そうでなければ2020年からの参加再開に至ることはなかったはずですから。

　実は、記録を見る限り、その次の参加は2021年9月のOSC 2021 Online/Hiroshimaになっています。必ずしもソフトウェアエンジニアリングあるいはOSSにいきなりどっぷり浸かったわけではなさそうです。とはいえ、2021年9月以降はリモート開催のOSCにはかなりの頻度で参加しています。全てのセミナー、全ての技術に明るいこともありませんが、それなりに楽しく学んでいたのでしょう。そんな中で私が注目していたセミナーがオープンソースソフトウェア協会（OSSAJ）の公開ミーティングでした。

2022年1月、OSSAJ入会

　OSSAJ公開ミーティングは、OSCのオンラインセミナーの枠で行われるパネルディスカッションあるいは座談会のような形態のイベントでした。4名のメンバーがテーマに沿ってプレゼンと議論をしていく形を採っていました。2024年7月現在でも同様の形式で継続開催されています。私が今まで参加してきた機械関係の学会や業界団体では、この形式、この空気感の中で座談会をやるのは難しいだろうなと思いながら興味深く聴講していました。

　テーマの選び方も、なかなかおもしろいものでした。印象に残る回は、2022年の1月と2月のテーマである「オープンソースの人材像、わたしを『エンジニア』たらしめているものは何か」です。私の本職の機械関係の学会・業界団体なら、「このテーマ立て自体が難度高すぎるよな〜、これで公開ミーティングで

きるのはうらやましい！」と思いました。そもそも、このテーマは登壇者が自由に話せる場を用意しないとおもしろくならず、所属組織の利害関係を忖度して話すことを要求される場に陥ると、途端につまらなくなるはずです。その辺りを攻めている公開ミーティングなんてものは、自分の生活圏にはなかったので新鮮でした。

何度かOSSAJ公開ミーティングを聴講した後に、2022年1月開催の公開ミーティングで入会案内のアナウンスがされました。「一般会員の年会費は無料」と聞いて、私は翌日すぐに入会申請しました。「実は怖くて怪しい団体だったら、気づいたときに退会すればいいや」くらいの甘い姿勢で入会しました。

■ 2023年3月～、登壇

OSSAJに一般会員として入会して以降も、公開ミーティングを聴講するだけの日々は続きました。風向きが少し変わったのが2022年11月の公開ミーティングです。「標準化」をテーマに議論された回で、私がZoom経由で質問をしたときにOSSAJの中心メンバーさんとの間で会話があり、距離が少し縮まった気がします。

さらに年明けの2023年1月には著作権がテーマの議論が公開され、このときには意匠権も絡めた質問をしました。その流れで、2023年3月には意匠権についての数分の説明プレゼンを行いました。これが私のOSSAJ会員としての事実上の登壇デビューです。OSS界隈では著作権や特許制度について議論されることは多いと思いますが、意匠権、六面図などの意匠登録制度についての発表は珍しいのではないかと思います。

その後は、何となく流れで登壇メンバーに入ることになり、2024年7月現在に至るまで毎回登壇しています。そのような登壇・発表をやってみたい気持ちはあったので、ありがたい機会を得たものと感謝しています。

■ 2023年10月、展示側で参加

その後、何度かのOSSAJ公開ミーティング登壇を経て、2023年10月のOSCリアル開催地が東京都大田区であることを知りました。会場の大田区産業プラザPiOを訪れたことはありませんでしたが、たまたま多少の土地勘があったので「私のような田舎者でも迷わずに朝から行けそうだ！」と思い、OSSAJのブースにて展示側の人員として終日参加することにしました。

具体的な当日の流れを思い出せる範囲で書き出します。

- 昼食用のパンを忘れずに持って行く
- 朝、会場に到着
- テーブル、イスなどの会場設営に加わる
- ブースにて展示（協会の説明、文書配布など）
- 昼食のパンを食う
- 来場した友人の差し入れの団子、大福を食う
- LT、懇親会に参加
- 撤収、清掃作業
- 帰宅

　印象的だったのは、なぜか終了後の清掃作業です。高い天井の会場をほかの参加者さんと一緒にモップがけする機会など、あまりなかった気がします。

　さて私自身の展示側としての参加時の印象を述べておきます。展示側としてブースに1日立ってみると、一般参加よりもリモート参加よりも受け取った情報量は多いものでした。OSSAJ展示ブースに居場所が固定されると、自分が受け取る情報総量は少なくなるだろうと予想していましたが、実際の体験は逆でした。展示側に回るほうが情報は多く得られたのです。

　会場内での自分の居場所の三次元空間認識がリモート開催とリアル開催とでは異なっていることに起因するのかも？と考えています。つまり、各々の展示ブースがあって、参加者さんたちがいるという空間把握があり、そんな三次元空間の中に「私」がいるという没入感が情報量の多さと情報のリアリティをつないでいるのではなかろうか、と。確かに「ここに生きた人間がいる！」という現実は、情報の掘り起こしと受け取り方に強く影響しそうな気がします。

2024年以降、今後も楽しく学びます！！

　ここまでの20年間のOSCの流れに対して私の関わった期間は一部に過ぎませんが、非常に有意義な学びを得られた実感があります。このような学びの場を構築する上で大切な要素は何なのか、考えてみました。1つ目は「人」です。一般参加者も講演者も展示者も私自身も人であり、人がいないと始まりません。2つ目は「好奇心」です。新しい技術、未知の問題に対する興味関心が抱けているか、そういう人が集まっているかどうかでしょう。

つまり、結局のところは「好奇心を持って何かをやりたい人」が参加することが必要なのだと思います。興味本位は罪ではありません。興味が抱けないことは仕方ありませんが、興味があるのに動かないことはもったいないです。動けば、きっと何かが得られるはずです。

私はconnpassからイベント参加申込をする際には自由記入欄に「楽しく学びます！！」という一文を入力しています。私の申し込みコメントなどは誰も読まないかもしれませんが、私自身はディスプレイ上でこの文章を必ず目にします。そうすると「そうだよね、このイベントはどういう技術について何やってるのか俺はいまいち知らんけど、なんか気になるから楽しもうぜ！！」という気分になります。そんなHappy beginningを心に抱きつつ、今後もOSCに参加して、楽しく学びます！！

12-4 オンライン登壇と、僕がOSCから受け取ったもの

氏名：ニャゴロウ陛下（小笠原 種高）
所属：モウフカブール

■ はじめに

本とネットを流離う風来坊のニャゴロウこと、小笠原種高です。普段は世を忍ぶ仮の姿として、技術書を書いています。

僕が、OSCにお邪魔することになったのは、かなり最近のことです。

2020年、コロナ禍でさまざまなイベントが中止に追い込まれる中、OSCもオンラインに場を移しました。そのとき、どういうご縁なのか、何か話さないかとお声掛けいただいたので、「作っては捨てる時代の過ごし方」というタイトルで、インフラ構築の変化についてお話したのがはじまりです。以降、年間7~8回オンラインで登壇させてもらうことになり、現在に至ります。ゆえに、今回の寄稿者の中では一番の新参者かもしれませんが、ここ数年の登壇回数だけは無駄に多いのです！

そんな僕が、オンラインで登壇することでOSCから何を受け取り、何を考えたのかの話をしていきたいと思います。

■ オンラインで登壇するということ

　OSCで登壇するようになってから、最も変わったことといえば、やはり場馴れでしょう。

　僕は、もともと人前で話すことが得意で、プレゼンや資料作りに慣れた人間ですが、それでも、OSCのように1か月～2か月に1回、話す場が設けられていることは、非常に勉強になります。しかも、オンライン開催ならば、遠方での開催であっても自宅から登壇できるので、参加しやすいのです。

　また、OSCの場合は、地方によって参加者が異なるため、同じテーマを繰り返し話すことができます。これは、同じテーマを話せば楽だという意味ではなく、1つのテーマをていねいにブラッシュアップしていくことができるということです。たとえば、機械学習の話などは、テーマの性質上、技術の進化が激しく、毎回のように話すことを変更しました。一部の結論など、「そうだ」といった翌月には「そうじゃなかった」と掌を返し、AIの進化に沿わせて内容を変えました。同じタイトルでありながら、テセウスの船のように中身を入れ替え続けたのです。

　こうした「変えること」は、めんどうに感じる人もいるかもしれませんが、僕のようにフラフラと思考実験を重ねながら考えを煮詰めていくタイプの人間にとっては、エキサイティングな遊びです。毎回、自分でも、どこに帰着するのかわからない問題を、手探りで形作ることを楽しんでいます。

　そして、登壇した内容は、同人誌にまとめるようにしています。やはり、せっかく理論を練ったのですから、揮発してしまわないように、どこかに留めたいのです。本にすることは、考えを固定させるだけではなく、新しい発見もあります。同じテーマでも、媒体を変えることで、また違う角度から眺めることになり、セミナーでの登壇と紙を行き来することによって、自らの思考が広がり、深まるのです。

■ オンラインの難しさ

　とはいうものの、最初は聴衆がいない中で話すことの難しさを感じていました。回を追うごとに慣れていき、現在は楽しく話しているのですが、最初は間合いもよくわかりませんでした。

オンライン登壇と言えば、マイクやミキサーなど、機材関係の話になりやすいものですが、もっと必要なのは、脳内で自分に向かってうなずいてくれる「妄想の観衆」であると知った瞬間です。

僕の場合は、よくセミナーの担当をしてくれるクボタさんや、Xで感想を書いてくれる皆さんのおかげで、徐々に妄想の観衆が育ちましたが、誰に向かって話しているかわからない状況は、テンポをつかみづらいものです。

登壇の後であっても、リアクションをもらうことで、話す側はグッと話しやすくなります。話を聞くときには、OSC以外でも、できるだけ反応をしてあげてください。僕も、セッションを聞く場合は、できるだけ多く反応するようにしています。

■ オンラインだからできること

登壇に慣れていくうちに、せっかくだからオンラインでなければできないことをしたいなと思いはじめたところ、2023年の夏に、OSC北海道とNT金沢[1]の取材とが重なったので、兼六園から登壇してみることにしました。

兼六園は、金沢の名園です。つまり野外です。「お庭を散歩しながら、機械学習について話す！」……楽しいに違いありません。

さすがに、全ての内容を野外でお話するのはリスキーなので、本編は事前収録の形で、前後の挨拶と質疑応答を中継とし、本編の最中は、僕が歩き回って撮影した兼六園の風景をリアルタイムで流す作戦としました。ちょっとセッションを担当してくれた宮原さんとクボタさんに負担をかけた気もしますが、きっと名園の緑が、苦労をチャラにしてくれたことでしょう。当日はお天気もよく、皆さんに素敵な景色を届けられました[2]。

また、これに味をしめて、カワけっと[3]というイベントとダブルブッキングしてしまったときにも、会場である川崎水族館から中継をしました。このときは、「やってみよう」というよりは、どうしても両方に出席したかったので、僕のワガママゆえに採った苦肉の策でしたが、OSCの運営だけではなく、カワけっとの主催であるねこのしっぽさんにも、ご協力いただいて成立した試みです。ありがたいことです。

---

† 1　石川県金沢市にて開催される「なにか作ったものを展示して交流できる」技術系のイベント。https://nt-kanazawa.glideapp.io/

† 2　「今から学ぶ機械学習〜ホラ吹きAI男爵の冒険〜 2023-6-17 E-5」（https://youtu.be/WabtIl1leu0）

† 3　川崎水族館にて行われた「いきもの系同人誌即売会」（https://www.shippo.co.jp/neko/kawaketto/index.shtml）

■ 増えるホーム、東京と名古屋

僕は、初参加がオンラインでセミナーの講師を担当するという体験だったため、会場での開催も知らなければ、一般参加も知りませんでした。

実は、最初に中止になってしまったOSC 2020 Tokyo/Springを、雑誌『I/O』の記者として取材する予定だったので、それが叶っていればそんなことにはならなかったのですが、巡り合わせというのは不思議なものです。

ですから、僕のホームの地域はどこかと問われたら「オンライン！」が答えだったのですが、2023年、オンライン開催からオフライン開催へと戻り、いよいよ僕にも現地のホームが増えました。それが、東京と名古屋です。

2023年の春に、久々に会場の展示が復活することとなり、「モウフカブール」として参加しました。やっぱり、展示はいろいろ話せて楽しいですね！

僕がイベントに参加する大きな目的の1つは、「皆さんが現場で何を考えているのかを知りたい」なのですが、さまざまな人がお話していってくれるので、ジャブジャブと話が集まってきます。僕の本を読みましたという人もたくさん来てくれて、次の本への活力になりました。懇親会の二次会では、酔っ払って盛り上がって、新しい同人誌のネタも生まれました[4]。

また、東京の展示では、「カブールクジ」というガチャをやっています。これは、僕の設計したガチャマシンを見せびらかしたいという邪な考えで行っているのですが、せっかくの機会ですから、もう少しほかのブースも巻き込んでやっていけたらいいなと画策しています。

■ 技書博との併催

OSCに参加するうち、僕が少し関わっている技書博（技術書同人誌博覧会）と相性がよいのではないかということに気づきました。

当時、技書博は、コロナ禍において中止が度重なり、少し自信を失って、自己が揺らいでいるように見えました。一方で、OSCはよいセミナーをたくさんやっているのに、年齢が若い層にリーチが弱い気がしたからです。

また、技書博は技術同人誌を頒布する会ですが、その根底にある理念として、エンジニアのアウトプットを重視しており、ある意味でOSCというのは「技書博の育った姿のうちの1つ」だと感じたのもあります。

---

[4] このときの本は『AWSちゃん異世界転生アンソロジー』として完成。AWSお嬢様がGCPの世界に転生した話などを収録。

お互いによい影響があるのではないかと思い、両者の仲を取り持って、OSCと技書博を併催することになりました。それが、2023年の名古屋[†5]です。そのときは、まだ新型コロナウイルスの影響が不明な中での開催だったので、それ以前のように大盛況とまではいきませんが、それでもかなり活気のある会になったのではないかと思います。

名古屋は、モウフカブールのメンバーの1人が三河在住であることもあり、東京とともに毎回参加を予定しています。併催は、ミニ技書博にもつながり、よい形で提携していけるといいなと思っています。

■ そろそろ僕は、返すべきではないかという野望

このようにつらつら書いていると、僕はOSCにいろんな体験を与えてもらっていることに気づかされます。登壇にも慣れてきましたし、交流も多くできるようになり、親しい人も増えました。

ですから、僕の受け取ったものを、そろそろ皆さんに還元したいなと思っています。

たとえば、アウトプットの形として話す内容を本にまとめたり、そもそもセミナーをかっこよくやる[†6]にはどうしたらいいかなど、僕の持っているノウハウはいろいろあります。もともと持っていたものもありますが、OSCに登壇しながら培ったものも大きいです。カブールクジも、ほかのブースに賞品を提供してもらえれば、そのブースへの誘導になりそうです。技書博に参加しているサークルがもっと参加してくれたら、きっと楽しいでしょうし、今までOSCに来てなかった層も興味を持ってくれそうです。

そうした僕の成果を、皆さんに共有して、より楽しいOSCになるための一助となるべく、野望を膨らませながら、今後も参加していくことでしょう。

---

†5 「Open Source Conference 2023 Nagoya」および「技術書同人誌博覧会8」(https://gishohaku.dev/gishohaku8)

†6 僕のセミナーはカッコいい!はず……。

12-5　鼎談：OSCがきっかけの出会いとbaserCMSのはじまり

氏名：江頭 竜二
所属：株式会社キャッチアップ

氏名：中村 元気
所属：株式会社キャッチアップ

氏名：石本 達也
所属：日本仮想化技術株式会社

■ はじめに

　「OSCと私」というテーマを聞いたとき、いつか話を聞いてみたいと思っていた人と今回のOSC20年史に寄稿する記事を執筆することで**きっかけ**を作ることができました。このお二方、そして私は、OSCを通じて出会いやチャンスを得てきました。私（石本）が進行役となり、話を進めていきましょう。

■ 自己紹介

石本：3人の関係性などは後ほどお話しするとして、初めに自己紹介をお願いします。江頭さんお願いします。

江頭：株式会社キャッチアップで代表取締役をしています。銀行員やガソリンスタンド、コールセンターのスーパーバイザーなどを経て、IT業界に転身し、社内SEやフリーランスとして仕事をしながら、2009年くらいにbaserCMSをオープンソースとしてリリースしました。その後、しばらく経ってから法人を設立して、今に至ります。

中村：株式会社キャッチアップで取締役をしています。現在は、受託開発部門の責任者をしています。専門学校在学中にインターンとして参加し、アルバイトを経て正社員として入社しました。入社後は、エンジニアやディレクターとして経験を積んで、現在に至ります。

石本：私は、中村さんと同じ専門学校に通いました。卒業後に上京してSIerやベンチャー企業を経て、現在は日本仮想化技術株式会社でアプリ寄りのエンジニアとプロダクトマーケティングの二刀流で自社主催のオンライン勉強会の企画・運用やDevOps支援サービスを広める活動をしています。

■ 3人の関係について

中村：石本さんと私は、通ってた中学校は違うのですが、お互いサッカーをしていたので、いわゆるスポーツ選抜の選考会（通称トレセン）で会って対戦するといった顔見知りくらいの関係でした。その後、高校に進学したときに、偶然にも同じ高校の同じ学科に進学していたことがわかり、それからは何かしら関わることが多くなりました。

石本：高校で同じクラスになってから意気投合して、部活終わりに一緒にご飯を食べに行ったり、帰り道の途中で何時間も語り合ったりする関係になっていました。当時は、ここまで話すような関係になるとは思ってなかったですね。そこから中村さんと私が同じ専門学校に進学し、OSC福岡での出展をきっかけに江頭さんと出会うことになります。

記憶は曖昧なのですが、OSC 2012 Fukuokaか翌年2013年の懇親会で「誰かインターンとかアルバイトしたい人いない？」と話が**きっかけ**だったと思います。その当時、私は別の会社でインターンをしていて、違う会社でもインターンをしてみたいという気持ちがあったので、後日、面接の約束をしました。約束をする際に「ほかに興味がある人を連れてきていいよ」といわれたので、中村さんを誘って参加することにしました。最終的には中村さんがアルバイトとして採用され、私はすでにやっていたアルバイトやほかのインターンとの都合で短期インターンシップとして1週間だけ体験させてもいました。

江頭：そうだったっけ？　当時は忙しすぎて、その辺りのいきさつはあまり記憶がないですね。なので、「なんで2人で来たの？」と思いました。

石本：みなさんの記憶と一致しないので少し不安ですが、これが江頭さんと出会うことになった**きっかけ**です。

■ インターンシップを募集するきっかけ

石本：私が学生のころはインターンシップをやっている会社は珍しいほうでした。もしかすると、私の知っている世界が狭かっただけかもしれませんが、戦力にもならない、ましてや直接売上につながるような業務をさせられない状況でインターンシップを募集していたのはなぜですか？

江頭：当時、とあるデザイン会社のと仕事をしていて、どうがんばっても自社の規模では受け止めきれないくらいの仕事がきていました。どうにかして人を増やさなければいけないという状況でしたが、まだまだ認知されていない会社

だったので、募集しても人が集まりません。そこで、アルバイトからでもいいので、経験を積んで成長してくれる人を探そうと考えました。ある会社でインターンシップを通じてアルバイトの採用につなげていることを知って、真似してみることにしたことが**きっかけ**ですね。

■ キャッチアップに入社するきっかけ

石本：話を元に戻させてもらうと、インターンシップを**きっかけ**に、中村さんは卒業までアルバイトを続けることになったと思うのですが、最終的には正社員になったんですよね。就職活動をしていく中で、最終的にキャッチアップに入社を決めた**きっかけ**は何ですか？

中村：そうですね。キャッチアップと比較するように就職活動をしていましたが、自身の実力把握ややりたいことなどが活動中に整理され、最終的には選考を通してキャッチアップに就職することにしました。

■ エンジニアやIT系の仕事をしようと思ったきっかけは？

石本：ITに興味を持って仕事にする**きっかけ**は人それぞれ異なると思うのですが、江頭さんはどのようなタイミングでエンジニアやIT系を志すようになりましたか。特に銀行員からキャリアをスタートされているので気になります。

江頭：最初はWebデザイナーになりたかったんですよね。Web系の制作会社の面接受けていて、ある会社で「PHPできる？」と聞かれて「知りません」と答えたら、「じゃ、要りません」って。それがとても悔しくて、「何なの？　PHPって？」と思ったのがプログラミングを始めた**きっかけ**ですね。それで、PHPを猛勉強しました。全くプログラミングをやったことがなかったんですけどね。

石本：もう少し深掘りさせてもらうと、Webデザインをやりたいと思った、その**きっかけ**は何だったのでしょうか？　それこそ、直前のキャリアはガソリンスタンドマンとして働いていたということですが、急にWebデザイナーになりたいと決意した**きっかけ**といいますか。

江頭：職業訓練校に通っていたころにWebデザインの授業を受けて、資格取得のために当時の初級シスアド（現在のITパスポート）の勉強をしているときにHTMLが出てきて、それがおもしろそうだなと思ったのが**きっかけ**です。文字を書いているのにビジュアルが出てくるというのがおもしろかったですね。

石本：中村さんは？

中村：そんなに深い理由はないのですが、中学生の進路を考えるときに調べて、情報系を学べる高校で学んでIT系に進むほうが稼げそうだなと思ったのがきっかけですね。石本さんはどうですか？

石本：僕がはっきり覚えているのは、中学生のころです。パソコンや改造などについては周りよりも頭1つ抜けている人がいて、その人よりもすごく詳しい人になりたいと思ったことがきっかけですね。それから進路を決めるときに、担任の先生に相談しながら同じく情報系を学べる学校に進学を決めて、それが中村さんと出会うことにつながります。

■ OSCを知った時期や参加したきっかけは？

石本：OSCを知った時期や参加した**きっかけ**はなんですか？　個人や企業としては問いません。

江頭：2008年くらいに、Fukuoka.phpのコミュニティに福岡の経営者の人たちが結構集まっていて、そこからコミュニティをそれぞれが作り出すというフェーズがありました。コミュニティが派生して増えていくタイミングで、『CSS Night』というイベントを福岡で開催して運営までしたり、それ以外にも大きなイベントを運営したりしている中で、OSCも知りました。

OSCに初めて参加したのは、福岡大学で開催されたときに一般来場者として参加したことだと思います。当時はお祭り感覚という感じで、今とは全然雰囲気が違っていました。特にフリーランスの人たちは人との出会いが少ないので、そういった場を欲していたと思います。いろんなイベントに参加すると、だいたい同じような顔ぶれが揃っているので、「お疲れさま」と挨拶したり、「また会ったね」という感じで話しかけたりすることが多かったですね。

石本：次に中村さんお願いしますといいたいところですが、中村さんは私が誘ったという明確な記憶があるので、私がお話ししましょう。私が進んだ専門学校は、当時の高校の教頭先生からお勧めしてもらった学校だったのですが、教頭先生と専門学校の校長につながりがあったので、オープンキャンパスなどで企業の人がセミナーで講演をする際、入学までの間に何回か参加していました。そのときに学校の事務局の人とも顔見知りになり、入学後にも気軽に話せるような関係性ができていました。そして、入学後に事務局の人から「OSCって知ってる？」と聞かれて、「いや、知らないです」と答えたところ、「ウチの学校で開催するのに、生徒が1つもブース出してないのはアレだから、何か適当

に出して！」といわれて、よくわからなかったにもかかわらず、二つ返事で快諾しました。当時は、OSCどころかオープンソースという言葉すら知らなかったので、何をすればいいのかわからず調べたりしながら、とりあえず学生らしく何か作って出そうと思って探りで参加しました。その当時、学校の中で授業以上の何かをしたいと思っている友人を何人か集めて、放課後や休日に学校の教室やレンタルスペースを借りて勉強会とかやっていたので、そのメンバーも誘って何か作ろうという話をしてブースを出した記憶があります。参加する前日に、朝の4時まで友人とマックに入り浸ってデバッグをしていたことは、今では懐かしい思い出です。その後の2回目か3日目くらいに、中村さんもOSCに参加してみない？と誘って、ブースに一緒に立ったのが中村さんの参加の**きっかけ**ですよね。

中村：はい、そうですね。

石本：2人で出したときは、野球場の観戦席でQRコードを読み込んで商品を注文できるようなシステムの簡易的なものを作って展示していました。

■ baserCMSの開発者としての顔

石本：baserCMSの開発者としての顔を持つ江頭さんですが、そもそもCMSを作るということは大変なイメージがあるので、どういった**きっかけ**で作ろうと思ったのかやモチベーションについて詳しく知りたいです。

江頭：そもそもCMSを作ろうと思って作ったわけではありません。当時、自分がフリーランスとして仕事をしているときに、メールフォームに関する案件をいただくことが多かったので、自分の生産性を高めるためにライブラリ化し始めたところがスタートだったと思います。前に話したコミュニティの中で知り合ったHさんに相談したときに、自分がこれまで作ってきたライブラリをどうにかマネタイズできないかという話になり、有償で提供するならサポートが必要なので、それはフリーランスとしては厳しいという話になりました。最終的に、オープンソースにしてはどうか？という提案をしてもらったのですが、そのときにはオープンソースとは何なのか、全く知りませんでした。ただ、とりあえず無償で提供してみんなに使ってもらえそうなことだけはわかって、そこから何かしらのビジネスにつながりそうな気がしたので、オープンソースとしてリリースするための開発を始めました。当時、サイト研究会（通称、サト研）というものがあって、そこで後のbaserCMSの構想を話させてもらい、

その時点のバージョンをメンバーに触ってもらいながら、フィードバックをお願いしました。そこで、baserCMS普及委員会というものができ、そこにバグ情報を流してもらい、それを修正していくという形で開発を進めていきました。当時はリーマンショックの影響を受けているタイミングで、フリーランスとして仕事がなく、格安のレトルトカレーで食いつないでいた状態でした。今後どうしていこうと考えながら、3か月くらいbaserCMSを作り続けていました。

■ baerCMSが広まったきっかけ

石本：世の中には数多くのオープンソースソフトウェアがありますが、陽の目を見ることなく消えていってしまうものも多い中で、baesrCMSが認知されて多くの人に使ってもらうことができた**きっかけ**は何だと思いますか？

江頭：コミュニティのメンバーが、まずはWebサイトを作ろうと提案してくれました。当時はお金がなかったので「無理だ」と断ってしまいましたが、「そんなのお金いらないよ」とWebサイトを作ってくれました。コミュニティ活動ってそういうものなの？と思いながらも、メンバーの優しさに助けられました。そのような流れからOSCに出展してみようよ！となり、その出展に合わせてWebサイトも作り込み、準備を進めました。またサト研の話になるのですが、メンバーの中にディレクター職の人がいて、ある大学のプレゼンテーションに参加している中で、baserCMSを使ったサイト制作を提案しようと考えていると話を聞きましたが、僕が直接関与しない形で提案が進められていました。その後、提案が進められていることをすっかり忘れてしまっている状態でOSCに出展することになるのですが、当時のOSCの開催場所が、その大学でした。そのときは目の前のことに集中して、1人でも多くの人にbaesrCMSを知ってもらおうと一生懸命説明をしていました。たくさんの人がブースに足を止めて話を聞いてくれる中で、1人の人がとても興味を持って詳しく聞いてくれました。説明をしていく中であまりITに詳しくないと思いましたが、噛み砕きながらていねいに説明をしました。しばらくしてわかったことですが、その人はOSCの実行委員長で、裏で提案を進めていた案件のCMSの選定にも関わっている重要人物でした。その後、難しいと思っていた案件のコンペにも勝ち抜き、baserCMSを採用してもらうことになりました。大きな案件でもあったため大変でしたが、半年がかりで無事に納品まで漕ぎ着け、それが**きっかけ**で少し風向きが変わってきたと感じています。

■ 法人化したきっかけ

石本：法人化したきっかけは何だったのでしょうか？

江頭：コンペで勝ち取った仕事をしている中でアルバイトを5人くらい雇っていたのですが、その中で何人かは朝まで開発に付き合ってくれるような働き方をしてくれていました。その人たちとずっと仕事をするためにはどうしたらいいかと考えたときに、法人化することを決意しました。

■ baesrCMSを全国に広げるきっかけになった出来事

江頭：baesrCMSで特に話しておきたいエピソードが1つあります。はっきりとは覚えてないのですが、めちゃくちゃ忙しくなって余裕がなくなっているときに、データベースの理事をやっているKさんにOSC大分に誘われました。ただ、そのときは本当に余裕がなくて「行けない」と断ったのですが、Kさんが「じゃ、俺がやっとこうか？」といって、代わりにbaserCMSの大分支部的な立ち回りを勝手にやってくれました。その当時はKさんとあまり話したことがなかったので、ここまでやってくれるのかと驚きました。

その翌年くらいに、ある大学の先生から「オープンソースのプロダクトをみんなに広めたいと思っている人たちは、OSCで全国に出展してるんだよ」といわれたのですが、そのときには全国に出展することは考えもしませんでした。しかし、Kさんが「行くなら俺も付き合いますよ」といってくれたので、全国10か所のOSCに出展することを決めました。実際にどのように回って広めていくのかを考えていく中で、まずは全国に協力者を見つけるところを目標に始めました。1周り目が終わるころには5人と出会うことができました。出会った協力者とコミュニティを盛り上げていくために、2周り目では、その5人にもセミナーに登壇してもらいました。2周り目を回っているころにはOSC主催者の宮原さんにも「よくがんばってるね」と声かけてもらえるようになり、すごくうれしかった記憶があります。3周り目ともなると、各エリアで飲み会を開催できるようになり、さらに交流を深めていくことで各地でコミュニティが徐々に回り始めるようになりました。気づくとOSCにすっかりハマっていたわけですが、これもKさんがあのときに背中を推してくれたことがきっかけで、とても感謝しています。

石本：baserCMSコミュニティの成り立ちがよくわかりました。それからの活動はいかがですか？

中村：その後、OSCでは毎年コミュニティメンバーが各地でブースや登壇で参加するようになりました。それからはコミュニティ活動とキャッチアップとしての支援活動により、約15年続くプロダクトとなりました。OSCだけではなく、コミュニティへの参加や支援を積極的に行っています。最近ではあらゆるコミュニティが細分化されているイメージがありますが、その中の1コミュニティとして引き続き活動を続けたいと思っています。

■ 鼎談を終えて

　OSCで、完成したプロダクトの説明の話を聞く機会はたくさんありますが、どのような過程をたどってプロダクトが作り上げられて、広まっていったのかをじっくり聞くことができたのは、とても有意義な時間になりました。時間が許せばもっとじっくりと聞きたいこともあったのですが、今回はOSCを**きっかけ**につながる人の縁とオープンソース開発の誕生から広まっていくまでのストーリーを中心にまとめました。

12-6　OSCとスポンサー企業としての私

氏名：内田 太志
所属：株式会社インプリム

■ はじめに

　最近のOSCでは、謎のオレンジ集団、麻雀社長などのイメージ戦略で皆さんと仲よくなろうとがんばっている株式会社インプリムの内田です。私の初参加は比較的最近で、OSC 2016 Tokyo/Fallでした。もともとOSSに縁ののかった自分が「プリザンター」というOSSのノーコードツールを開発して、それを何とか世の中に広める方法がないか？と模索していたときに出会ったのがOSCでした。「コミュニティ出展であれば無料で出展できる？　すごい！」ということで、何の基礎知識もないまま参加したのがきっかけです。

OSCの第一印象

　初めて参加してみて思ったのは、プラレールが動いていたり、CDドライブのイジェクト動作を活用（？）した機械が展示されていたりと、ほかの展示会では見たことのないようなものがたくさんあることでした。一方で、マイクロソフトやサイボウズといった大手の企業も出展していて、ホビーなのかビジネスなのか、理解不能だったことを覚えています。当時、想像できなかったのですが、このときにお会いした宮原さんをはじめ、多くの方々とのつながりが今のビジネスの大きな助けになっています。このとき、OSCに出会えて本当によかったと感じています。

全国を回ったOSC 2023

　その後、株式会社インプリムを設立してスポンサー企業として初めてOSCに参加したのが、OSC 2023 Tokyo/Springでした。オレンジのTシャツを着て、あまり知られていないオープンソースソフトウェアのプリザンターを展示していました。このときは、まだOSCの真の価値に気がついていなかったので、ブースに何人来てくれるかばかりを気にしていました。そこから丸1年かけて全てのオフラインOSC参加を目指し、名古屋、北海道、京都、島根、広島、新潟、福岡と回りました。すると、どうでしょう？　参加者だけではなく、出展者の皆さんが声をかけてくださるようになったのです。それのみならず、あの会社に紹介しておいたよ！であったり、このイベントに出てみない？であったり、本当に多くのお声がけをいただけるようになりました。これは、知名度の低いソフトウェアメーカーにとって、非常に大きな助けになりました。

OSSベンダーとしての思い

　参加当初はソフトウェアベンダーとして、いかに知名度をあげるか、そのためにどうやってOSCを活用するかといったことを考えていました。もちろん、今でもそれがないわけではありませんが、直近では人とのつながりを作るためにOSCに参加しています。私にとって、OSCはサーカスのキャラバンのように感じています。出展者の皆さんと全国各地を巡りながら親交を深め、情報を共有する、柔軟で温かなコミュニティです。そして、そのキャラバンの皆が、オレンジ集団の私たちを仲間として迎え入れてくれて、時にはビジネスでも助けてくれます。本当にありがたいことです。

175

■ おわりに

このたびは、OSCの20周年、誠におめでとうございます。本当に長きに渡り継続しているコミュニティに心から敬意を表したいと思います。微力ながら、私も今後の発展に貢献していきたいと考えています。これからも、よろしくお願いいたします。

12-7　四国でのOSC開催の歴史

氏名：Tam
所属：オープンセミナー香川、GDG四国、stlug

■ 高知（2009）

それは、いきなり始まりました。それまで四国のITコミュニティ界では、OSCを四国で開催したいという人はいたものの、実際にOSCがどんな場であるのかすらわからず、何も手を打てていなかったのです。そんな折の2009年11月、高知大学の故菊池先生がOSCを高知に引っ張ってきました。

■ OSC 2009 Kochiの様子。

■ 四国でもOSCを！

当時のOSC高知の様子はほかに譲るとして、そのOSCがとても楽しかったので、その場でOSC事務局の宮原さんと四国での開催がまとまり、年に1回のペースを目標に四国4県で持ち回りが提案されました。

■ 準備

四国各県でのOSC開催の目論見はできたものの、OSCの参加が高知の1回だけでは十分ではないとのことで、宮原さんの勧めで OSC 2010 Kansai@Kyotoにスタッフとして参加させていただきました。すでにかなりの部分が記憶の彼方なのですが、四国とは違うOSCの熱気に終始圧倒されっぱなしだったのは今も覚えています。

■ 香川（2011）

そして、2011年2月、高松にてOSC 2011 Kagawaが開催されます。四国とは思えないほどの参加者が集まり、特に思い出深いのは、LTでドラ娘[†1]として登場したのがイカ娘だったことです。残念ながら私はスタッフとしての片付けがあったために直接は見れなかったのですが、写真を見ると一目瞭然です。

■ イカ娘のドラ娘！

---

†1 ライトニングトークでは、時間を知らせるために「銅鑼」が鳴らされるのが通例だが、その銅鑼を叩く役を「ドラ娘」と呼ぶことがある。

■ 愛媛（2012）

2012年3月に、愛媛大学にてOSC 2012 Ehimeが開催されました。松山は陸路だとなかなか遠く、しかも年度末な上に、ほかの大きなイベントとも被るという大変な時期での開催になりましたが、こちらも大勢の参加者に恵まれ、大成功だったのではないかと思います。ちなみに、愛媛らしく、来場者には先着でみかんを配っていました。

■ OSC 2012 Ehimeの様子。

■ 徳島（2013）

2013年3月、徳島でOSC 2013 Tokushimaが開催されました。このイベントでは、声優さんによる公開生放送があったためか、大幅な参加者数となり、大盛況に終わりました。ほかにも、Rubyの父まつもとゆきひろ氏の講演など、今までにない盛り上がりとなりました。

■ なんと声優さんによる公開生放送が！

■ これから

コロナ禍で少しお休みが続いたものの、四国でのOSCは今も計画されています。四国在住はもとより、他県からでも、ぜひ四国へいらしてください。

12-8　島根とOSCと私

氏名：きむら しのぶ
所属：ブルーオメガ、しまねOSS協議会会員

■ はじめに

OSC開催20周年ということで、OSC島根の第2回から第11回まで地元の実行委員長として携わった経験を書かせていただきます。

■ OSC 2008 Shimane

2007年に島根へUターンし、しまねOSS協議会に出会い、その翌年に開催されたOSC 2008 Shimaneが人生で最初のOSCでした。そのときは、本当に何だかよくわからないまま、プロジェクター担当として発表者の画面がきちんと映るかのテストをするというのが私の役割でした。ただ、純粋に技術の話を参

加者がとても楽しそうに話しているのが印象的だったと記憶しています。

OSC島根は、しまねOSS協議会を中心に島根県や松江市などの支援を受けて開催されていて、本当に多くの人が関わっている大きなイベントなんだな〜と、よくわからないながらスタッフの1人として懇親会にも参加し、翌日も合わせて楽しい2日間を過ごしたという感じでした。

■ OSC 2009 Shimane

第1回が終わり、スタッフみんなが少しお疲れ気味の中で次回開催をどうするのかという打ち合せに参加すると、「次回の実行委員長はきむらさんで」といういきなりのご指名がありました。何をいっているのか理解できないという状態のまま、その場の流れで実行委員長を引き受けることになりました。

第1回目を2008年9月に開催したにもかかわらず、第2回目は2009年5月開催となり、準備期間が非常に短かったのを覚えています。準備期間が短いならすぐに着手しないといけないと思いつつ、何から始めればよいのか全くわからないまま3月を迎え、いい加減やらないとまずいだろうということで、しまねOSS協議会の皆さんが声をかけてくださり、急ピッチで準備が進みました。決めるべきことを決め、手配するものを整理して1つ1つ片付けていく中で、仕事の進め方を学んだような気がします。前日準備、前夜祭を迎えたときには、すでに抜け殻のようになっていました。

いくつか小さなトラブルはあったものの特に大きな問題もなく、無事に懇親会を迎えることができ、本当に安堵した記憶が今でも残っています。ただ、懇親会で上半身裸でプロレスごっこをしていた人の中から怪我人が出たのを後日知りました。また、OSCの開催日は、日本三大船神事といわれるホーランエンヤの開催日でもあったということに当日気がついたのも残念でした。

■ OSC 2010 Shimane〜

以降、OSC島根は毎年開催されることとなり、開催時期には時間のない日々を送りつつも、回と追うごとにつれて準備の効率化や簡素化が進み、惰性（？）で実施できるようにもなってきました。

しかし、開催はするものの年々参加人数は減り続け、2012年にも開催するのかという打ち合せで、宮原さんから「正直、今のままなら島根はもうやらなくてもいいんじゃないかと思うんですよ」との意見が。すると、地元のメンバー

からも「いったん止めてみるのもいいかもしれない」という意見が出たりもしましたが、最後にはやっぱり続けようということで**島根版OSC**の検討が始まりました。

そして、島根側のメンバーで過去の参加者の意見や県民性などを考慮して考案した島根版OSCの特徴が次のとおりです。

- 集客できるような人を招いて基調講演をお願いする
- 発表時間を45分から15分として、発表の負担を減らす

この方式で2012年の開催に臨みました。

OSC 2012 Shimane～

独自企画・島根版OSCでの狙いは的中し、集客において一定の効果を発揮してくれました。

また、セミナーの時間が短くなったことで、控えめな県民性の地元の人たちも前より積極的に参加してもらえるようになったと感じられ、これからこの方式を継続することになりました。

基調講演には、さまざまな人に登壇いただきました（所属は当時）。

- 2012年　まつもとゆきひろ氏
- 2013年　フェンリル株式会社　柏木 泰幸氏
- 2014年　サイボウズ株式会社　風穴 江氏
- 2015年　日本マイクロソフト株式会社　増渕 大輔氏
- 2016年　東京大学　坂村 健氏
- 2017年　株式会社パソナテック　吉永 隆一氏
- 2018年　Indeed Japan株式会社　ナサニエル・ハインリックス氏

OSC 2017 Shimane（10周年）

2017年は、記念すべき第10回目ということで、第1回と同じ広い会場で開催し、懇親会もセミナー会場で盛大に開催しました。いろいろやり切った！という感じで、ここまで続けることに協力していただいた皆さんに心から感謝をしました。

OSC 2018 Shimane

　この年の開催を最後に、私はOSC島根実行委員長を引退することにしました。一抹の寂しさを感じつつも、ほかの人による違ったOSC島根が開催されることをとても楽しみにしていたことを覚えています。

OSC島根の名物

　OSC島根で定番となっていたものを列挙します。

- 県や市の手厚い支援（会場やスタッフの提供）
- ものすごくていねいに作り込まれたスタッフマニュアル
- Ustreamによるライブ配信
- チャイナドレスを着たドラ娘とガチサイズのドラ
- 減らないワイン
- 七味（一味）唐辛子の味しかしないピザ
- 懇親会で空手着を着る人
- 締めの言葉が「1、2、3、ダー！」

最後に

　初回のOSC開催から20周年、おめでとうございます。そのうちの半分の期間に関われたことをとても感謝し、うれしく思っています。そして、OSCに関わることで知り合った人たちが、自分の人生でとても大切な宝物になっていると感じています。

　この文章を作成するにあたって、撮りためた写真を見てみると、現在はもう使われなくなったものや今でも続いているもの、もう会えなくなってしまった人など、過ぎた時間に思いを馳せずにはいられない時間がありました。

　次の10年に向けて、引き続き貢献していきたいなと思いますので、これからもどうぞよろしくお願いいたします。

12-9　初めてのOSC

氏名：三谷 篤
所属：OSC広島実行委員会

■ はじめに

　私が初めてOSCに参加したのは、2005年の東京（第2回OSC）でした。たまたま出張で東京にいて（確か年度末の納品時トラブル対応で呼ばれていた）、OSCの情報は目にしていました。そして、当時、リリースされたばかりのPostgreSQL 8.0の発表があることを知り、最新情報が得られるとあって興味津々で参加しました。

■ 1本の電話から

　最新機能の情報に興奮冷めやらぬOSCからの帰り道、新大久保の駅前でアメリカから掛かってきた1本の電話がきっかけで、急遽3年間ヨーロッパ駐在員として転勤することになりました。当時、PGClusterというPostgreSQL用のマルチマスタレプリケーションツールを開発していた私は、PostgreSQLのコミュニティが開催する各国のカンファレンスで発表する機会をいただき、ヨーロッパ各地のオープンソース開発者たちと知り合うことができました。

　ヨーロッパでは、公共のシステムや安全保障上のシステム（放送、気象、軍事、警察など）はオープンソースを使うことが推奨されていて、特に税金で開発されるシステムはオープンであることを義務付けている国もありました。オープンソースが幅広く利用されているからなのか、コミュニティ活動も活発で、大小さまざまなカンファレンスやセミナーが開催されていました。オープンソースのコミュニティに参加している技術者は若者も多く、パッチを書いている高校生がいることには驚きました。

■ 地方の現実

　帰任後、広島で技術交流ができる場を探していたのですが、中々見つけることができずにいました。特定の技術分野やツールのコミュニティは存在するのですが、OSCのようなコミュニティを横断するものを見つけられずにいまし

た。地場でオープンな技術交流ができる場がなければ、「地方では技術的な成長が見込めない！」と若い技術者や学生が地元から都会に流出してしまうのではないか、地方は地盤沈下してしまうのではないかと危機感を覚えました。

そんな中、岡山県立大学で開催されていたオープンセミナーというものがあることを知り、そちらに参加しました。何度か岡山や高松のオープンセミナーに参加したところ、広島でもやってみませんかとお誘いいただきました。そこで、オープンセミナーで知り合った人たちを誘って、広島大学で第1回のオープンセミナーを開催しました。

■ さらに1本の電話から

準備は大変でしたが楽しいセミナーが開催できました。楽しいセミナーの後は楽しい懇親会ということで、開催に協力いただいた人たちで今後の話をしました。「そういえば、中国地方には島根以外のOSC開催場所がないので、広島でもOSCを開催できるといいね」という話で盛り上がり、「じゃあ、広島でOSCができないか聞いてみましょう」と、宮原さんに電話しました。

OSC広島は、この1本の電話がきっかけになったのですが、宮原さんがよく電話に出てくれたなぁと、今でも思います。2011年2月のOSC 2011 Kagawa開催の際、現地で宮原さんと県立広島大学の佐々木先生、三谷の3人で打合せを行い、その年の10月にOSC広島を開催することが決まりました。

佐々木先生はいまだに、「僕はオープンセミナーを開催したいと聞いたのに、いつのまにかOSCになっていた。三谷さんにだまされた」といわれますが、14年も前のことなのでそろそろ許していただきたいものです。

■ これからもよろしく

OSC広島を開催した2011年は東日本大震災があった年で、受付に募金箱を置いたりしましたが、2014年には広島で土砂災害、2018年には西日本豪雨と災害が続きました。2020年からは新型コロナウィルスの影響でOSCがオンライン化し、来場者と直接話をすることができなくなりました。

それでも続けてこられたのは、宮原さんをはじめとする株式会社びぎねっとのスタッフの皆さんのおかげで、心より感謝しております。また、現地スタッフとして支えてくださっている佐々木先生や現実行委員長の大杉さんの存在なしにOSC広島は続けられませんでした。

これからも、若い技術者の技術交流の場として、IT業界を志す学生にソフトウェアを作ることの楽しさを知ってもらう場として、OSC広島を続けていきたいと思います。よろしくお願いします。

12-10　OSC山口開催まで

氏名：山本 貴司
所属：OSC山口、情報通信研究機構、CISSP

■ 聴講していたころ

始めてOSCに参加したのは、定かではないのですが、OSC 2006 Tokyo/Fallだったと思います。このころは、当時在籍していた会社でのソフトウェア開発が、いよいよOSSベースであることが当たり前になり、数年経験してきたあとでした。当時の上司に「OSSのプロジェクト管理ツールがあるよ」「XOOPSがあるよ」などと紹介され、個人ではとても作れない高機能のWebサイトがOSSで手に入り、カスタマイズも可能なことを知って衝撃を受けました。

ただ、同時に、OSSを使うにあたって、Webで調べられるにしても社内メンバー同士程度の情報量では限界を感じはじめてもいました。たとえば、XOOPSをカスタマイズして客先に納入しよいものか、社内の誰もわからなかったのです。そういった困っていた何かのキーワードで、OSCと関わるきっかけができたのだと思います。

■ 発表してみる

2012年、客先の独立行政法人がWebアクセスログログからアクセス集計を行っていたこともあり、オンプレミス版のUrchin（2005年にGoogleが買収）を採用していました。ところが、2012年にUrchinのサポートが打ち切られ、後継はGoogle Analyticsになります。Urchinのような高機能の製品は見当たらず、OSSまで網を広げたところ、Webアクセスログからも集計可能なPiwik（現Matomo）があり、タイミングがよいことに、OSC 2013 Tokyo/SpringにPiwik Japanユーザー会（現Matomoユーザー会[†1]）が出展しているではありませんか。

---

†1　https://matomo.jp/

Urchinの後継としてPiwikを選んだものの、不満点からWebアクセスログログを集計するPythonプログラムを改造したり、環境を作ったりして解決していました。それが、Pythonスクリプトのパッチも含めた「piwik-fluentd」[†2]です。これによって、ついにPiwik Japanユーザー会の講演者として、OSC 2014 Tokyo/Fallで初めてセミナー枠を持った[†3]のでした。

■ OSCがあればなぁ

私が社会人になってからOSCが始まってるとはいえ、学生のころにOSCがあればなぁと考えていました。出身大学とは同窓会幹事として接点もあるし、学生であった地の山口でOSCが開催できないかと思っていたところ、2016年1月に第1回WordBench山口[†4]が開催されると知りました。場所は同窓会会館とあり、出身大学の後輩がスタッフでした。ライトニングトーク枠を取り、宮原さんと現地入りしました。

その結果、WordBench山口または類するコミュニティを引っ張っている元気な人たちとその所属先は把握でき、OSC開催の需要はありそうでした。ただ、OSCのノリには学生のパワーがほしいところでしたが、そこまではリーチしませんでした。また、私自身が2016年4月から学び直しで大学に通うことが決まっていたため、OSC山口の開催はできずにいました。

■ コロナ禍が始まる

学び直しが完了し、転職もし、少し落ち着いた矢先の2020年3月ごろからコロナ禍が始まってしまいました。オンラインOSCの試みが始まったので、スタッフに加わることにしました。ZoomとYouTube Liveを使い、高価な機材を投入せずに凝りすぎないというOSCオンラインの骨子が決まっていきました。その渦中にいて見聞きしたことは、後にオンラインイベントを開催する際に非常に有用でした。

[†2] https://matomo.jp/news/3250
[†3] https://www.ospn.jp/osc2014-fall/modules/eguide/e8.html
[†4] https://wbyamaguchi.doorkeeper.jp/events/34638

協力者を募る

2022年に入り、対面での同窓会幹事会が再開され、そこでハイブリッド中継を依頼されたため、OSC流で行いました。終了後、同じく幹事の知能情報工学科の先生にホテルまで送っていただいた道中で、第1回のOSC山口の構想説明と、参加募集のメールを学生に流してもらうことを確約してもらい、後日、学生2名が登壇してもよいと返答をもらいました。

OSC 2022 Online/Yamaguchi

登壇したい学生の応募がさらに1名増え、機は熟しました。職場の教育分野のセクションに山口県出身の横山さん[†5]がいることがわかり、SecHack 365から若手3名のリレー発表の構成をお願いすることになりました。ご当地コミュニティにも連絡を取り、OSPNのSlackでも登壇者を募集します。しかし、いきなり開催を決めたため、会場のあてもスポンサーもなく、初回のOSC山口は2022年8月28日にオンラインで開催することにしました。

第2回はハイブリッドで

現在の学生さんはコロナ禍で登校制限に遭った世代で、対面でのOSC開催を強く望まれているようですが、現地までのアクセスの悪さで登壇者不足が懸念されるところです。そこで、ハブリッドでのOSC開催を目指すことにしました。会場は使い勝手のいい同窓会会館で決まりました。スタッフがいないと中継が厳しいので、現地のコミュニティを探していき、光市のコワーキングスペース「ヒカリバ」[†6]経営者の石川さんにお手伝いをお願いしました。石川さんはイベント企画のプロであり、中継も「山口は所詮この程度」といわれることを最も嫌い、かといって高価な機材を使わない実務派でした。

次はスポンサーです。四半世紀前の上司が山口市に居住していることを発見し、同窓会幹事の会合ついでに湯田温泉に突撃してスポンサーを快諾してもらい、さらにスポンサーを1社探していただきました。

第1回と同様に、横山さんに学生さんとの鼎談企画とモデレータをお願いしました。大学からOSC登壇と参加のお願いメールは実績が出ているので頼みやすく、前年に最初に手を挙げた学生は、先生の登壇を取り付けました。前日

[†5] https://sechack365.nict.go.jp/trainers/yokoyama.html
[†6] https://hikariba.jp/

がOSC 2023 Fukuokaだったこともあり、宮原さんと全国OSCを行脚している蕪木さん[7]に現地で参加いただき、登壇もしてもらいました。

2回目のOSC山口は、2023年12月10日にハイブリッドでの開催となりました。ブースを出していた大学の勉強会のメンバーがその場で登壇を決心したり、OSC 山口のためだけに東京から来ていただいたおじさんは2名、懇親会参加は学生とおじさんが半分ずつ、さらに学生の半分は女性と、思いがけない結果となりました。

12-11　OSCと私 ～オンライン開催という経験を経て

氏名：近藤 昌貴
所属：OpenOffice.org、LibreOffice日本語チームなど

■ ユーザー会の一員として、ある意味、主体性はなく……

私がOSCに関わり出したのは、2012年の秋以降でした。それまでは近場での開催であった京都だけに参加する程度でしたが、あるユーザー会の手伝いに関わるようになって、説明員としてブースで説明を行ったり、機会に応じてセミナー講師を担当したりなどの活動をしていました。この経験を通じて、各地の開発・広報担当者との関係を深めるために遠隔地への参加の機会も増えました。

■ パラダイムシフト

2020年初頭、コロナの流行によって働き方や生活習慣などに制約がかかるようになり、これまで当たり前だと思っていたことが不可能になるという急激な変化がいろんなところで発生しました。

OSCも、2020年1月の大阪を最後にリアル開催が不可能となり、4月の「オンライン」を皮切りにリアルイベントの代替として各地のOSCを「再現」する活動が急務となっていました。開催時期が迫っていた名古屋、北海道についてはスタッフとして企画会議に参画し、自宅でも現地の雰囲気を味わってもらうための「お取り寄せ」リスト作成について協力したり、当時は前夜祭も再現され、その場でのLTに参加していました。北海道の前夜祭ではスープカレーを

[7] https://www.ipa.go.jp/jinzai/security-camp/2024/camp/next/profile.html

自作するネタを用いてLTを行うなど、オンラインイベントを全力で楽しんで
もらいたいと思って活動していました。

自分で企画して、アウトプットする方向性

　オンラインイベントの回数をこなすなかで、自分でもセミナーを主催したい
と考えるようになりました。金曜日、土曜日開催を行っていたOSC 2022
Online/Fallでは、金曜にセミナーを実施し、土曜はミーティング形式でいろん
な人に参加してもらう方針で進めていくように計画していました。OSC2022
Online/FukuokaのLTで話をしたテーマから、セミナーの企画を立ち上げ、
OSC 2023 Online/Osakaから着手した「湾岸ミッドナイト勉強会」という個人
の持ちネタの引き出しが1つ増えたのも、この時期の出来事です。

全てがうまくいく、わけではなくて……

　OSC 2021 Online/Osakaでは、朝イチのセミナーで「荒らし」が発生し、
ミーティング形式にして参加者に議論に参加してほしいと考えていた計画が
崩れてしまいした。最初から他人を頼るのではなく、自分で完結させていくこ
とが必要だと感じたのが正直な感想です。

　その一方で、OSC 2021 Online/Springでは「らぐ大集合」の企画に立案時か
ら参加し、セキュリティ対策のノウハウも蓄積されたため、当日の大盛り上が
りを実現できたと思います。リスク対策として事前の準備をしっかり行い、
その上で企画段階から多くの人と協力することも重要だと感じた次第です。

「地方創生」に尽力したい

　オンライン開催は、自宅からでも参加できるため、移動という障壁がなく
なった一方で、開催する意義、地方ならではの特色をいかにして表現し、盛り
込めるかという課題が継続的に存在しています。

　2021年のOSC広島の企画会議は、旅先から参加していました。オンライン
ということで範囲を広げ、四国地方もテーマに含めるという情報が共有され
（お取り寄せリストも広島分と四国分が存在し、私は四国分の作成に注力して
いました）、観光案内に特化したセミナーを企画しました。ソフトウェアの話を
一切しないというのはやりすぎ感があったと反省しているのですが、地方の特

色を出すための1つのきっかけになったと自負しています。また、その後の福岡では過去に何度も撮影に行っていた福岡空港および築城基地を題材にすることを思いつき、「写真撮影」というテーマでのセミナーを企画しました。

セミナー企画は単発で終わるのではなく、ほかの人が続いてくれることが重要だと考えていて、この後の開催で刺激を受けた人たちが新しい題材を取り上げてくれることが継続的な開催のエネルギーの1つだと考えています。

■ ロングテールを指向する

オンラインになった結果、セミナー動画がアーカイブとして後日視聴されるという使われ方も一般的になってきました。私はアーカイブに残さないような「前説」やセミナー講師へのツッコミなどもがんばっていたのですが、やはり「残る」部分が最も重要なので、自分が企画したセミナーでは動画アーカイブも意識しています。まず、動画一覧の中から選んでもらえるようにサムネイルを追加で作成したり、逆にサムネイルを意識したタイトルページを含ませたりという作り方を実施してきました。

たとえば、OSC 2023 Online/Hokkaidoで行ったミーティングでは、発表者から提供いただいた写真などを素材として「雑誌の表紙風」のサムネイルを作成してみました。

■ セミナー動画の「雑誌の表紙風」サムネイル。

写真撮影のセミナーでは、動画や自動プレゼンテーションによるスライドショーの挿入などの演出を導入して見せ方を魅力的にするための手法を、できる範囲で試行してきました。

また、オンラインである限界を突破するためにリアリティの追求も重要だと考えており、実地の「取材」を兼ねてOSCの開催日程に先行して現地取材旅行をしたり、あるいは当日現地から参加するということも何度か実行しています。携帯電話での通信環境でも充分な速度が確保できるようになったため、OSC 2023 Osakaでは実際に大阪城公園に機材一式を持ち込み、現地からセミナーを開催したことも個人的には思い入れのある出来事です。

■ オフラインへの回帰

2023年の春ころからハイブリッド開催、後半からはオフラインの単独開催に「戻った」という環境の変化が訪れました。オフラインではブース展示に専念できるのでブース展示の企画にも労力が割けるようになったのですが、オフラインでのセミナー復活も合わせて、オンラインで得た知見をオフラインにも反映させることが今後重要なことになってくると考えています。

■ これからのOSCを一緒に作っていきましょう！

OSCが始まって20年、オフライン・オンラインの運営、企画を行ってきた実行委員会、事務局、各コミュニティの皆さん、本当にありがとうございました。

12-12　切っても切り離せないOSCと自分との関係

氏名：稲葉 一彦
所属：とある地球人

■ 人生の拠りどころ

OSCは、自分にとって切っても切り離せない拠りどころとなりました。人生の拠りどころといってもよいかもしれません。よく学ぶことができ、さまざまな出会いがあり、産地直送のおいしいものが食べられます。さらに驚くのは、若い人との交流ができることです。

これからの自分とOSC

これからも、もっと貢献していきたいと思っています。一言でいえば、コントリビューターになるのでしょうか。皆さんに、自分が培ってきた知恵を伝えていきたいです。特に外国語（英語、フランス語、スペイン語、中国語）が段々と話せるようになり、自分なりに話すコツをつかんだので、それを伝えていきたいと思っています。

出会ったころと自分の苦悩

「ここは何なんだ？」、それが最初の印象でした。当時は、PostgreSQL、WordPressにハマっていたので、それらのセミナーがあり、いろいろとサポートしてくれたおかげで解決ができ、助かりました。また、サポートが無料ということには、本当に驚きました。ここは何かがあると、そう思いました。

OSCで得たこと

OSCで得たことを列挙します（まさかこんな事が自分の人生の中に起こるなんて！）

- Linux Community 小江戸らぐ

  有識者、海外経験者、ほかのコミュニティーに属している人など、いろいろな人がいておもしろい。10年以上経つ。いろいろとお世話になっている。

- LT（人前でスピーチをする）体験

  人前で話すことに、恥ずかしさがなくなった。最初は失敗したが、練習という意味でもできるから、これがまた最高。

- 国内を旅しながら、学び、人との出会い、未体験ゾーンの経験、おいしいものの体験、自分がセミナーを実施していること

  そんなことを体験できるとは、ほんとに信じられない。

- Zabbix Conferance、COSCUP、OSC HKG、Raspberry Pi Melbourne などの海外セミナーに参加

  こういうところに1人で行って、いろいろな体験ができるとは……。OSCに出会わなかったら、これらは全く起きていないだろう。

- 躊躇することなく、どんな言語でも話せるようなった

  英語、フランス語、スペイン語、中国語で会話しても怖くなくなった。話すことにおいては、現地の人はもっと間違えていたし、自信が持てて、そういう体験をOSCで味わえたことは本当にうれしい。さらにドイツ語にも興味を持ち、学び始めている。

- ラドピアのリガに何回も行き、さらにアヒル焼きのLTをしたこと

  ラドピアのリガは、Zabbixの聖地で、そこで毎年カンファレンスが行われており、今回で9回目の参加になる。アヒル焼きのLTをするということで、現地で英語を見てもらったが、ボツになりそうになった。何回も説明して、カルロスさんだったかな、英語を修正し、納得もしてくれた。おそらく理解できたとき、おもしろいと思ったのであろう。LT後は、そこで大笑いの大ブレイクが起きた。そこから自分は、バーンダックと一部の間では呼ばれるようになった。これも本当に貴重な経験だった。

■ 最後に

国内だけにフォーカスを当てるのではなく、海外にも目を向けていきたいです。いろいろな言葉を独り言のようにいうのが増えるので、皆に刺激を与えながら、もっとグルーバル化ができたらと思っています。

ここでの出会いには本当に感謝しています。これからも楽しませてもらいます。ありがとうございました。

12-13　OSCと私の20年

氏名：木下 兼一
所属：CBUG、日本UNIXユーザー会、その他

■ はじめに

OSC開催20周年ということで、長年スタッフとして携わってきた視点からOSCの20年を書いていこうかと思います。

OSCには初回からスタッフとして参加し、その後は途中運営のびぎねっとのスタッフとしても参加しておりましたが、現在はボランティアスタッフとして

会場の設営や撤収、会場での映像出力といった技術面でのサポートなどを担当しています。

私がOSCに関わり始めたきっかけは、びぎねっとで『BSDカンファレンス』というイベントを手伝っていた経験があり、ちょうどOSC初回の開催時に勤め先を辞めたタイミングで時間が空いていて、宮原さんから「手伝ってもらえないか」と誘いを受けたことでした。

当時のイベント終了後の打ち上げで「どれくらい続きますかね」などと話した記憶があるのですが、今では毎月どこかの地域で開催されているイベントとなったというのは、そのときには予想がつかなかったことでもあり、この20年があっという間だったという感覚もあります。

20年での変化

OSCが始まった当初は、ソフトウェアをベンダーが開発して販売するという従来からの形が主流であった中で、OSのディストリビューションやWebブラウザといったオープンソースソフトウェアを紹介するコミュニティの出展、それに加えて、ハードウェアベンダーがオープンソースに関する動作サポートや情報提供を行うといった企業の取り組み状況の紹介といった出展が多く見られました。

現在は、ITのインフラとしての活用やオープンソースを活用したサービスの提供といった方面での出展が増えてきており、社会の中の1つのピースとしてオープンソースが浸透しているという状況を目の当たりにすると、20年という時の流れの長さを感じます。それとともに、社会が変わるというのは、何か大きなイベントによるものだけではなく、小さな積み重ねがいつの間にか大きな流れになっているという形もあるのだなと感じさせられます。

20年続いてきた理由を自分なりに考えてみる

なぜ20年も続いたのかということに関しては、いろいろと理由があるだろうと思いますが、次のような理由があるのではと私は考えています。

自分たちのできる範囲できる手作りで行われてきたイベントだから

OSCは各地で開催されており、東京や大阪などのような大都市圏でなくても、それなりの参加者を集めています。そういった会場を回って感じるのは、

開催する地元の人たちや団体が、自分たちに無理のない範囲で行いつつ、自分たちの特色を生かした開催形態をしているということです。これは、続けていくための大きな理由だと思います。

　大きな会場であればセミナーと展示会場も別立てとするところですが、地域によっては展示会場の一角にセミナースペースを設けることでセミナー受講者だけではなく出展者もセミナーを見ることができるという形態であったり、「アンカンファレンス」として飲み食いしながら持ち寄ったネタを話してもらうといった形態であったり、開催する地域の特性や地元団体が続けられる範囲の多様な形態に対応してきたというところがあるのではと思います。

見るだけではなく参加してもらうイベントだったから

　OSCは、来場してセミナーを聞いたり展示ブースを見たりするイベントです。それに加えて、会場の設営・撤収や出展ブースの設営など、イベントを作り上げることにコミットできるという意味でも楽しんでもらえることも理由だと思います。これは、OSCに展示やスタッフで参加されたことがあれば、大きくうなずいてもらえるでしょう。

　先の手作りで行われてきたという点とも重なりますが、参加するスタッフや出展者の想いや考え方は違えども、1つのイベントを作り上げていこうという方向性は明確で、それぞれが自分たちなりの方法でコミットして楽しんでいくという側面があるのでしょう。その結果として、このイベントのおもしろさや楽しさにつながっていったのではないかと思います。

一方通行ではなく双方向でやり取りできるイベントだったから

　OSCのメインはセミナーや展示ではありますが、セミナー発表者が展示ブースに入って来場者の質問に答えていたり、出展者が別の出展者の展示ブースであれこれやり取りをしたりなど、「いろいろなオープンソース界隈の人たちが集まってやり取りをする場」となったことも1つの要因だと思います。

　そのようなやり取りがきっかけでコミュニティの連携が生まれたり、新たな企画のきっかけとなったりという話をいくつも耳にしています。また、OSCとの共催イベントに発展したものもあり、参加されている皆さんがOSCを活用して、いろいろなものを作り上げていく場として機能したということもあったのだと思います。

■ 改めて20年を振り返ってみて

いろいろとOSCのこれまでの20年を振り返ってみましたが、OSCは運営スタッフや出展者だけではなく、一般来場者の皆さんにも参加いただくことでイベントとして作り上げられていたということが大切なのでしょう。

現在はボランティアスタッフという立場で、今後についてはどのような方向に向かっていくのかはわかりませんが「運営スタッフや出展者、そして来場者の全てが参加者」という点は大きく変わることはないだろうと思っています。

皆さんで楽しんでもらえるイベントとして、今後もOSCを続けていければと思います。皆さん、よろしくお願いいたします。

12-14　OSCの思い出

氏名：下農 淳司（himorin）
所属：慶應義塾大学・W3C（World Wide Web Consortium）

■ オープンソースと私

OSCの思い出というタイトルながら、個人的な話から入ると、1999年に京都大学に入学してから、若気の至りなのかいろいろなところをのぞいたりして、ちょうど1年前にソースコードが公開されて[†1]オープンソースとして運用が始まっていたMozillaに興味を持ったところからOSSの界隈に関わるようになりました。

そのころの関西では、大阪市立大学の中野先生主催による「関西オープンフォーラム」（KOF）が2002年から開催されており、そこを中心としてOSSをキーワードにしつつもそれに限らない行政・産業を含めた幅広いオープンな集まりの場が周辺・関連を含めて形成されていました。中野先生のバックグラウンドが、1993年の「関西ネットワーク相互接続協会」（WINC）の設立・運用などの幅広い連携であったこともあってか、ゆるく各方面とつながっているPCDNやusers.gr.jpなどの人もいるコミュニティが形成され、『システム管理者の眠れない夜』などで知られる柳原 秀基さんや原水さんなどの沖縄料理屋・月桃での集まりなど、IRC・メーリングリストによるオンラインやオフラ

196　†1　1998年3月31日、Netscape Communicator 5.0のソースコードが公開されました。

インの両方にわたる緩いながら活発な情報交換の集まりが通年にわたり開催されていたのは懐かしい思い出です。そのあたりのIRCでの中野先生・柳原さんによる私の名前の誤記（「shimono」から「s干物」）に端を発し、いまも使っている「ひもりん」のニックネームができたというのもいい思い出です。

■ OSC関西に向けて動き出す

　私自身はMozillaのOSSの関わりからKOFに出展のお手伝いとして参加し、その後は運営のお手伝いもさせていただけました。その流れで、宮原さんともつながり、記憶が正しければ最初に参加したのは2005年3月のOSC 2005 Tokyo/Springで、みんなでイベントを運営していくという方向性から、入り口で宮原さんに捕まってスタッフTシャツを渡されたのが懐かしい思い出です。

　2004年の初回のOSC東京の開催以降、北海道・沖縄や新潟といった東京以外での開催も行われ、OSCの後のびぎねっと呑みなどで関西においてという話が出ていたという記憶もありますが、具体的に動き出したのは2007年に宮原さんが中野先生に話をされたことでした。2月頭に中野先生がKOFの関係者に相談のメールを出され、その後、KOF界隈の内外で議論が進んでいました。2月14日ころには年間スケジュールから関西での開催時期の有力候補が7月となって会場選定が本格化し、私が所属していた大学の研究室と深いつながりがある京都コンピュータ学院（KCG）さんとコンタクトを始めました（京都コンピュータ学院の学院創立者が京都大学理学部宇宙物理学科卒業の大先輩であったなど）。初開催かつ初めて利用する会場での話を5か月前の初コンタクトから始めるというのは少し無茶だった感もありましたが、その後は学院の皆さんの協力もあり、とんとん拍子に話が進みました。同じ週の金曜日の夜に大学研究室での全く別件の会議の際に詳細の説明をしたのに続き、翌週には会場で学院長も交えてOSCの話をし、学内調整をお願いしたりしました。

　京都での開催は会場が利用できるという点でも有力でしたが、関西の広域でという目標は依然残っており、2月23日の夕方には大阪駅前にある専門学校HAL大阪にうかがって使えそうな部屋やホールなどの見学をさせていただいたりもしました。そして、2月24日に大阪駅前第2ビルの大阪市立大学文化交流センター談話室で中野先生主催の決起集会的な会合を持ち、OSC関西というタイトルで将来的には関西の他都市で行うことも視野に入れての方向性が決定しました。このときの関西の各地でというのが、その後のOSC 2010

Kansai@Kobeにつながり、直接ではないにせよ、その後の「Kobe IT Fes」などの大きなムーブメントにつながっていったということは、中野先生の慧眼だったのかなと思っています。

　開催が決定したものの、会場や運用の調整など、その後もドタバタとなり、各方面に多大なご面倒をおかけしつつ、ようやく開催にこぎつけたという状態でした。OSC 2007 Tokyo/Springの会場でランチミーティングを開催したり、KCGの校舎での打ち合わせを重ねたり、オンライン化が進んだ今の時代にはない現地での顔合わせを何度も行った思い出があります。私が大学院生としての出張の用事で不在がちで、スケジューリングはかなりご負担をおかけしました。会場の利用に関しては、ありがたいことに学院長が学院内をまとめてくださり、金曜日開催についても一部のセミナーを授業に併用することで学校行事として開催する方向で決着できました。中野先生にもKCGでの運営会議に出席いただきましたが、その際の「私はKOFの人間なので」というコメントは当時大学院生だった私にとっては突き放されたような感覚もありましたが、今考えると先生の教育的な示唆だったのかなと思うところです。

　初年度の会場利用については諸条件が決まった年度明けの4月から本格的に始まりました。開催初年度ということもあって地元のさまざまなコミュニティにリーチして参加いただくのが5〜6月になってしまうなど、スロースタート感はありましたが、最終的には50を超えるセミナーを開催することができ、盛況になりました。一番難しかったのは、最上階の600人ホールと展示ブースのスペースでした。600人のホールはコンサートもできるほどの設備が整ったホールだったのですが、それまでのOSCの規模からすると通常のセミナーで埋めるには非常に厳しいこともあり、KCGの授業としても開催したセミナーと最後のLTでの利用だけになって少し残念でした。展示スペースはKCGの本館1階のロビーを利用しましたが、会場で利用できる机が大きかったのとスペースがそこまで取れなかったので全29机となって、最終的には机のシェアをお願いして何とか詰め込んでいました。とはいえ、直前になって電源の調整などにドタバタしたのは初開催会場あるあるでしょう。単に私に運営ノウハウの蓄積が全くなかっただけかもしれませんが（その緊急打ち合わせにKCG百万遍校が利用できたのは、ものすごく助かりました）。

　最終的に初年度のOSC 2007 Kansai@Kyotoは1,200人の来場という結果になり、直前3月の東京開催と同じ規模になりました。初年度開催ではあるもの

の、やはり東西での張り合いみたいな意識もあり、個人的には非常に喜ばしい結果でした。しかし、これが2年目以降の苦労を呼ぶとは思いもよりませんでした。そんな中、7月20～21日のOSC 2007 Kansai@Kyotoの開催直後に、7月22日出発で8月12日帰国で羽田・成田経由でハワイ（ハワイ島の国立天文台ハワイ観測所・すばる望遠鏡）に出張していたのは、我ながらよくやってたなと思うところです。

■ 2年目のOSC関西

2007年の開催後の秋、Mozilla Japanが「Mozilla 24」という24時間イベントを開催し、関西にもサテライト会場を設置したので、お手伝いしました。翌早朝のグローバルセッションで当時グローバルの全体運営チームに入って活動していたdeveloper.mozilla.org（現MDN）についてトークしろとのことで、最終便の飛行機で東京に移動して夜から東京会場に参加し、正確には覚えてないですが午前6時ころからプレゼンしたりしました。そのイベントで、なぜか深夜にいろんな人を巻き込んで円卓会議みたいなのをやったらしく、気づいたら、なぜかMozilla JapanをOSC地方開催に連れまわすという結論になり、私も何カ所かに同行することになりました。とはいえ、そこで各地方の人たちと交流できたのは非常にありがたく、いまだに感謝しています。この流れに関連して、2010年3月31日にW3CのSFCのオフィスを訪問し、OSCに出展してもらう流れにできたのは、OSSとWebブラウザコミュニティとの関連の中でも1つのエポックだったのかなと感謝しています。

1年目の開催がうまくいった後、運営が誰しも考えることは「2年目も同規模の集客を目指さねば！」という強迫観念であるというのは理解できるでしょう。「みんなでセミナーコンテンツを集めるぞ！」ということで、そのころ流行りだった「Firefox 3がもたらすWebの変化」のセッションをMozilla Japanにお願いしたり、ちょうど京都大学に入ったスパコンについて「京大センター新スパコン概説」ということで担当教員にお話しいただいたり、『UNIX USER』で2005年まで10年間連載された「よしだともこのルート訪問記」を対談形式で復活させるという企画を「ルート訪問記あげいん〜オープンソースに魅せられた2人の対決?! 瀧田佐登子、よしだともこ、オープンソースを語る〜」という形でぶち上げたり、渋谷で定期的に開催され当時大盛り上がりしていたShibuya.jsを「Shibuya.js in Kyoto」という形で京都に来ていただいたりと、打ち上げ花

火を多数打ち上げ、2日間で1,150人の来場をいただきました。個人的にも、このころはコンテンツをどうするかということしか頭になく、周りの皆さんに会うたびに何かやってもらえませんか？という話をお願いしていた記憶があります。このあたりで、Mozilla JapanのOSC地方巡業に同行したつながりが活きた感じで、何事も輪廻でつながるもんだなという思いを胸に刻みました。

　一番驚いたのが島根から来ていたバスツアーです。2008年5月17日に野田さんからOSC全体に流れた「OSC Kansai（7/19-18）にバスツアーで参戦します。」（原文ママ）には感動しました。さすがにそこまで気合いを入れて来場いただけるとは思ってもみなく、非常に感動し感謝しました。そこから15年以上になるのに、いまだに日程が合わずに島根に訪問できていないのが心残りではありますが。

■ 3年目のOSC関西、そして……

　その次の3年目が一番の変化点だったかもしれません。1年目から発生してたブースのスペースが足りない問題はどうしようもないところまできて、「夏の京都だけど建物の外にも並べるか？」とか「ブース出展受付の制限をしないといかんか？」みたいな今から思えば冗談でしょという話すらしていたり、懇親会に参加したいという人は多いものの、京都あるあるで大人数が入れる店はそれほどないので会場を探すのも一苦労（KCG地下駐車場での懇親会プランの話を聞いたことがある人もいるでしょう）だったり、規模での問題ばかり発生していました。

　地元での運営ミーティングを開催しようとしても人が集まらず、最終的には週1回の私と事務局の長石さんとの1、2時間の電話会議で全部決めていたような覚えがあります。冗談ながら、会場とかLTの最後の挨拶は「OSC Kansai@Kyotoは今年で最後です！　ありがとうございました！」で〆るかという話をしていたのを聞いたことがある人も少なくないかもしれません。そんな中で、翌年に続けるための流れで、京都の大学生などを中心に何人かが運営に名乗りを上げてくださって、継続的に運営していける体制が整ったことは非常にありがたかったと思います。

　これ以降はいろいろな人が記録に残されると思いますので、ここで筆をおかせていただきます。

12-15　OSCで過ごした日々の思い出

氏名：松澤太郎（smellman AKA. btm）

所属：日本UNIXユーザ会、一般社団法人OSGeo日本支部、一般社団法人 OpenStreetMap Foundation Japan

■ 初めてのOSC

　僕が初めてOSCに参加したのは、第1回のOSCでした。2004年のことで、まだ大学生でした。当時は「もじら組」というMozilla（当時はまだFirefoxはなかった）のコミュニティで「組長」という立場で参加をしていました。

　第1回で覚えてることといえば、友人のいる「Linux萌え萌え大作戦」をわざと隣のブースに配置してもらって、コラボした謎の拡張機能などを披露していたことです。当時から続いているノリはもじら組を去った後も続けていて、現在はOpenStreetMapのデータを音楽に乗せて動かすという本当に謎の展示をしています。何となくですが、僕だけ時が止まってるのかってぐらい変なノリを続けている気がします。

■ 各地のOSC

　それはさておき、僕はいろいろな会場のOSCに参加してきました。

　特にもじら組の時代は、Mozilla Japan（現WebDeno Japan）の支援を受けていたことが大きく、おかげで全国各地のOSCに参加することができました。南は沖縄、北は北海道と、各地に参加できたのですが、福岡だけは某アイドルグループのコンサートと重なってホテルが埋まってるという理由でなかなか行けませんでした（昨年、やっと参加できた）。

　もじら組を去った後も、OSCには参加を続けています。特に印象に残っているのは、企業としてOSC東京に出展したときです。当時、株式会社ケイビーエムジェイ（現Apprits）で「elecoma」というRuby on Railsで開発したOSSのECサイトの開発責任者をやっていて、その展示をしました。これがきっかけで、会場になっていた明星大学の生徒が、後に新入社員として会社に入社してくれました。僕は彼が入社した直後に退職しているのですが、後になって非常に優秀な新入社員が採用できたという話を聞いて、本当にうれしかったです。

■ OSCと私

　OSCは、情報収集という場としても大変有用です。OpenOffice.orgのコミュニティに影響を受けて、OpenDocumentの重要性を知ることができました。インフラ周りの知識については、Linux-HA Japanのコミュニティと知り合ったことで大きく成長できました。また、現在は地図の仕事をしているのですが、理事として活動しているOSGeo.JPのコミュニティにおいては、特に嘉山さんとお酒を通じていろいろお話できたことが、現在の仕事に大きく影響を及ぼしています。

　OSCで大事なのは人とのつながりです。僕自身、最初にいたコミュニティを去った後も、OSCのおかげで、多くの友人や知人がおり、OSSの活動をずっと継続できています。インフラ周りのコミュニティにおいても、OSCで知り合った人たちとのつながりが、現在の仕事に大きく影響を与えています。また、OSCがきっかけで単著を刊行することもできました。

　今後ともOSCには参加をし続けて、多くの人とのつながりを大事にしていきたいと思っています。

12-16　OSCの愉しみは「前後」にアリ!?

氏名：坂井 恵（@sakaik）
所属：日本MySQLユーザ会（MyNA）

■ 私とOSC

　思い起こせば、あれが第1回のOSCだったのか……。2004年6月に開催された「オープンソースパーティ（OSP）2004」の直後に、宮原さんからもらったメールには「さて、次の大きな飲み会は9月のオープンソースカンファレンスなのですが」の文字があります。内容は、飲み会の前段として何かセミナーをやらないかというものでした。OSCの最初のアイデアは「飲み会のおまけ」だったのです！　OSCが単なる技術情報を提供する場ではなく、技術者同士の出会いと交流の場であるというこのコンセプトは、20年経った今でも根底に脈々と流れているように感じます。

OSCでは日中にセミナーを聴講し、たくさんある展示ブースで展示を見たり話を聞いたりできます。しかし、OSCの興りを考えると、それだけではもったいなくて、OSCの真価は「前後」にこそあるのだ！という話を少し語りたいと思います。

「前後」レベル１：プロフェッショナルと出会い語れる場

OSCでは、この20年間、ほとんどの回で夜に「懇親会」が開催されてきました（コロナ禍後は、開催に慎重になる地域もありましたが、徐々に再開されつつあります）。この懇親会こそが、「**OSCの本体**」です（個人の感想です。意見には個人差があります）。一口にオープンソースといっても、OS、言語、ライブラリ、アプリケーション、サービスなど、非常に幅広いものがあります。全部に詳しい人がいるわけではなく、それぞれの「推しOSS」に深く興味を持っている人たちが集う懇親会は、自分の知らなかった世界と触れあう機会となります。もちろん、併せて自分の推しOSSについて知ってもらう機会でもあり、それらが入り交じった多くの雑談の中に数え切れないほどの**セレンディピティ**が転がっているステキな場といえるでしょう。

開催地域によっては、公式にまたは非公式に前夜祭が開催されることもありました。前日に現地入りした人たちと現地の人たちとで一緒に集まる場は、前日入りするような少し熱量の高い人たちと場を共有するのですから、非常に濃厚な時間になることは想像に難くありません。前夜祭では、地元の方からその土地の食べ物や見所などを教えてもらえることもあります。せっかく訪れた場所なので、少しでもその土地のことを知って帰ることができれば、遠征した甲斐もあるってものです。

こうした前夜祭や懇親会で得た情報は、すぐには役に立たないけれども後から効いてくるようなものもありますし、何よりもこういった場でお話した人同士では、OSCが終わってからも疑問点を質問したり、逆に質問にお答えしたりと、連絡を取り合える距離感のお付き合いにつながることも少なくありませんでした。

自分の世界を拡げてくれる「OSCの本体」は、前夜祭と懇親会なのです。ただし、過度に（一方的に）情報収集してやるぞと意気込むのは禁物です。まずは、OSCの「前後」を楽しんでもらいたいです。きっとお互いに楽しむからこそ、何かが生まれるものだと思います。

■「前後」レベル2：日本を教えてくれたOSC

　千葉県在住の私は、当初は都内で開催されるOSCだけに参加していたのですが、数年後には東京以外の地域で開催されるOSCにも参加するようになりました。初めて参加したのはOSC 2007 Fukuokaでした。前夜祭では、ご当地の素晴らしい料理を堪能しました。そして、各地から集まった人たちとの出会いもありましたが、その中でもおもしろいなと思ったのは、いつでも東京（＝自分のホームエリア）で会えるような人との距離が縮まったことでした。言葉にはしないけど「あなたも同じ方面から来たのですね」という仲間意識のようなものがどこかにあったのかもしれません。

■ 初めて遠征したOSC福岡の前夜祭での豪華お刺身セット

　この年のOSC福岡では、終了後に現地の人が街巡りを案内してくれました（今思うと、相当な長距離を歩いた気がするのですが、あのころは若かった！）。自分が住んでいる以外の土地に行って、その土地のおいしいものを食べて、その土地の有名な名所から隠れた名所まで自分の目で見て回る。まさに全身で「OSC開催地の空気を吸う」というこの体験が、その後の私をOSC全国行脚への道に引きずり込んだといっても過言ではありません。そのときに福岡を案内

してくれた人には、今でも感謝の思いでいっぱいです。

OSCの会場へ単に行って帰るだけではなく、OSCが開催されている地域をより深く知ることにすっかり虜になった私は、積極的に各地のOSCに参加し、そして多くの地の空気を吸うようになります。最初は宿泊地を中心として、徒歩や公共交通で軽く行ける範囲を廻っていましたが、同じ地域に2、3年ほど参加していると、自分の興味関心の範囲のものは大概見尽くしてしまいます。さながら「もうこの地域、完全に理解した」という状態になってきました。もちろん何度でも行きたい場所もありますが、それでも折角の訪問なので新しい体験をしたいものです。

そんなときに手に入れた手段がレンタカーでした。当時の私は、1人でレンタカーに乗るなど贅沢すぎると考えていました。レンタカーというのは、複数人で乗ってワリカンで利用するものであって、1人で利用するものではないというイメージを持っていたのです。この発想を切り替えて「体験にお金を払うつもりで」と利用を始めたところ、行動の自由度が高まりました。今まで行けなかった場所に行ける、見られなかったものを見られる、電車やバスの時間に合わせずに自分の時間で計画を立てられるなど、驚くほど世界が拡がりました。OSC開催地域の周辺、そう「周辺」と認識できるエリアが拡がったのです。各地のOSCに参加していく中で「日本を知る」ようになったのです。

■「前後」レベル2の思い出

いくつか日本を知ることができたと感じた思い出話を紹介しましょう。

確か初めてレンタカーを利用したのは、「OSC北海道のついでに」夕張に行ったときでした。現在（2024年）の北海道知事（鈴木 直道氏）が市長を務めていたころです。盛んに「破綻自治体夕張」と報道されていた当時、自分の目で見ておきたいというのがきっかけでした。人通りは少ないけど意外と普通だなと感じたことを覚えています。駅の売店で最近の変化のお話を聞いたり、ダムの見学場では石炭産業が盛んだった子供のころの話を聞かせてもらったり（炭鉱撤退時にきれいに片付けていった会社やそのまま残していった会社の話など、地元視点でしか得られないお話は刺激的でした）、有意義な「OSC北海道」参加となりました。

205

新潟県の長岡市で開催されたときは、同市の2度にわたる凄惨な歴史を知る機会となりました。今まで漠然と「新幹線にそんな駅があったな」という認識だった知識に息吹が吹き込まれたような感覚でした。

広島では、市電のある生活（千葉県民には珍しいのです）をプチ体験したり、島根県の松江市では同市で盆踊り大会が開催されない理由を知ることになったり、浜松では私の大好きな楽器たちの歴史に触れることができたりと、OSCに参加しなければ触れることのなかった「ニッポン」を知る機会となりました。

OSC福岡の「ついで」に訪問した長崎では、たまたま近くにいてTwitterを見ていたフォロワーさんと稲佐山山頂で「はじめまして」したのは、非常に珍しくちょっぴりうれしい体験でした。動き回っていると、いろいろなことが起こるものです。

2018年ごろに新しいGPSロガーを買ってからは、積極的に行動ログを採ってきました（それ以前もいくつかのロガーを使っていましたが、精度やバッテリーの持ちやログフォーマットなどの課題が多く、ほとんどのログは消失してしまいました）。その2018年以降のログをプロットした結果が次の図です。OSC以外の際の移動も若干含まれていますが、大部分が「OSCのついで」に行動したものです。各地のOSCに参加し、いろいろな地域を見てまわった結果、随分と日本の形ができてきたように思います。まさに、OSCは私に日本を教えてくれたといえるでしょう。

■ 主に2018年以降の私のOSC参加記録（GPSログ）

中学生のころは地理という科目が大嫌いで、地図なんか見たくもなかったし ちっともおもしろいとも思わなかった私が、日本を知るおもしろさに目覚めて しまったのも不思議なものです。OSCへの参加なしにこの体験は得られなかっ たと思うと、主催者の意図とはまったく別のところでOSCに大いに感謝すると ころであります。

　このような体験を経て「前後こそOSCの『本体』」と確信するに至ったので ありました（個人の感想です）。まさに、「OSCの楽しみは『前後』にアリ」です。

第 5 部

OSC関連マニュアル

第13章
OSCの始め方マニュアル

OSCを開催したいと思ったら、どうすればよいのでしょうか。新たに
OSCを開催する際の基本的な流れをまとめてみました。また、OSCの開
催の方法は、その他のテーマのイベントの開催にも役に立つと思うの
で、ぜひ参考にしてみてください。

13-1　OSCの開催を決める

　まず最初に、「OSCを開催するぞ！」と決める必要があります。多くの場合、
まずはイベントを開催したいと強く願うところからスタートします。逆に、
何となくやりたいという程度のモチベーションだと、開催までの道のりは長く
険しくて途中で挫折してしまうかもしれません。やりたい！という気持ちは、
強ければ強いほどよいでしょう。

　各地で開催されているOSCに出かけて行って、OSCをやってみたいと思っ
たなら、ライトニングトーク大会に飛び入りするなり、懇親会でも構わないの
で、「OSCを開催したい！」と意欲表明をしてもよいかもしれません。実際、
過去のいくつかの開催は、そのように表明するところからスタートして開催に
たどり着いています。

■ なぜやりたいのか目的を明確にする

　開催したいというモチベーションが強ければ、だいたいは何とかなります
が、それでもいろいろな人を巻き込むにはもう少しわかりやすく説明できるよ
うにする必要があります。

　なぜOSCを開催したいのか、開催することでどんな目的が達成できるのか、
簡単にでも構わないのでまとめてみましょう。

■ テーマを決める

目的と合わせて、テーマを決める必要があります。もちろん、OSCはさまざまなコミュニティが集まるテーマなしのごった煮状態というのがおもしろさの1つではありますが、新しく始める場合には、ほかの地域と差別化したり、外部からも出展者を呼んできたりする必要があります。そのとき、その地域にとってほしい情報や活発化したい地域コミュニティのテーマがあるはずです。そのあたりをメインのテーマに設定して、企画を進めていくとよいでしょう。

■ 手伝ってくれる人を見つける

OSCの開催は、OSC事務局が開催までに必要な調整ごとなどをいろいろとやってくれるのがメリットでもあり、企画担当者はそれに乗っかっていればよいという面もあります。しかし、実際に現地で調整のためにあれこれ動いてもらったり、開催までの宣伝のために他地域で開催されるOSCに足を運んだりする必要もあります。その際、発案者1人だけで全てをこなすのは困難でしょう。最低でも3人体制で、つまり発案者以外に2人は協力してくれる人が必要です。ある意味、この3人で現地のOSC実行委員会を立ち上げるということになります。会場を借りるメドをつけているのであれば、そのうちの1人は会場との調整役になれる人が望ましいでしょう。もう1人は地元の地域コミュニティや企業との調整役を担える人であれば心強いでしょう。

まとめると、次のようなメンバー構成になります。

- Aさん：発案者。実行委員長
- Bさん：会場との調整役
- Cさん：コミュニティや企業との調整役

もちろん、協力してくれる人が多いに越したことはありませんが、コミュニティ中心のイベントの場合、上意下達の命令ではなく、緩やかに合意を形成しながら進めることになるため、あまりに人数が多いと意見の違いを調整するのが大変になってしまいます。特に、最初はある程度の方向性が揃ったメンバーで集まって進めることがお勧めです。

13-2　どんなOSCにするかを決める

　一言にOSCといっても、開催のスタイルはかなり幅広いものです。どのようなスタイルで開催するかを考えておくべきでしょう。

■ セミナーとブース展示を同じ会場にするスタイル

　最もシンプルに開催が行えるのは、セミナーとブース展示を同じ会場にして、ブース展示の出展者がセミナーも聴講できるようにするスタイルです。出展者と参加者の人数が合計50人程度であれば、このスタイルが会場も1つで済むのでお勧めです。

■ 2015年9月、新潟での開催。前がプレゼン、後ろがブース展示のスタイル。

■ セミナーとブース展示を別の会場にするスタイル

　最もオーソドックスなスタイルが、セミナーとブース展示を別にする形です。セミナー会場を1つ、あるいは複数用意します。ブース展示は、ホワイエと呼ばれるセミナー会場の外側の広い廊下・ロビーを使用したり、別の部屋を展示会場にしたりします。セミナー会場1つ＋展示ブース10くらいであれば、出展者と参加者の人数が合計100人程度になるでしょう。あとはセミナーや

ブース展示の希望がどれくらいかを予測して、必要なセミナー会場数、ブース展示スペースの面積を調整します。

■ ブース展示スペースの調整

セミナー会場は比較的どうにかなるものですが、ブース展示のスペースは面積が不足しがちです。そのような場合には、ブース展示の長机1台を半々にして2つのブース展示、あるいは長机2台をつなげて3つのブース展示といった形で調整することもあります。

■ 対面式ブース配置と島型ブース配置

さらにスペースが足りない場合には、出展者と来場者が長机を挟んで会話するスペースが取れなくなります。その場合、出展者は通路側に立ってもらうことで奥行きを節約することで対処します。鉄道の島型プラットホームに似ているので、「島型ブース配置」と呼んでいます。

島型ブース配置であれば、狭い展示用の会場でもブース展示を成立させることはできますが、やはり全体的に狭苦しくなりますし、座っていることができないので、出展者からは不評です。本当にやむを得ない場合だけに採るブース配置の方法です。

■ 2013年8月、京都での開催。コミュニティのブースはスペースが足りず、島型で配置。

13-3　会場候補を見つける

　開催スタイルを決めるのは会場次第のところもあるので、並行して会場候補を選定します。できれば1度は使ったことがある場所がよいのですが、初めて使う場合には候補段階でも、事前に下見をしたり、使ったことがある人から使いやすさや制限事項などを聞いておいたりするとよいでしょう。

　もちろん、借りるための費用も重要です。無料で使えるものの制限がある場合と、制限が少ない会場だけど費用がかかる場合、どちらにするはかなり悩むことになります。公共の施設であれば自治体などのバックアップを得ることで割引になったり融通を利かせてもらえたりすることも多いので、何かツテがないか探してみるのもよい方法です。ただ、あまり裏技的なことを使い過ぎると後々めんどうになることも多いので、ほどほどにしておくのが肝心です。

■ 会場の下見の際にチェックするポイント

　会場の下見では、雰囲気などを把握するのも重要ですが、開催にあたってはいくつか重要な確認ポイントがあるので、挙げてみましょう。

● 予約開始時期

　日程のところでもお伝えしますが、人気の会場ほど予約は取り合いです。いつから予約できるのかは確認しておきましょう。どの会場を使うかによって予約時期が異なっていたり、大きい会場を先行して予約すると付随して小さい会場も同時に先行予約できることもあります。公共施設の場合、行政側が大きなイベントを行うために予約可能時期よりも前に予約を入れてしまっていて、そもそも予約が不可能なんてこともあるので注意が必要です。

● 会場への導線

　公共交通機関から会場までの導線、さらに会場入り口から受付までの導線がわかりやすいかどうかも確認しておきましょう。導線がわかりにくい場合、会場内に張り紙などをして誘導できるかも確認しておきましょう。自由にできる会場もあれば、張り紙などは一切できない会場もあります。案内する人を立てればOKという会場もありますが、このあたりは運営スタッフの人員次第でしょうか。

215

● 受付の位置

受付は全ての参加者の窓口になるので、できるだけわかりやすい場所に設置したいものです。また、廊下などに机を出しても大丈夫か、どの程度のスペースが使えるかなども確認しておきましょう。消防法などの関係で、廊下には机などを出せないという会場もあります。

● 会場の広さ

最も重要なのが会場の広さでしょう。特に、ブース展示のための会場の広さは、とても重要です。また、広い会場の場合、備え付けの机や椅子をブース展示で使い切らないなら、それらを片づけておく必要があります。収納場所がある会場であればよいのですが、収納場所がないのであれば別の場所に移動させる必要があります。それらの机や椅子を移動させる先がない場合、会場内に寄せておく必要があるので、その分だけ利用可能なスペースが減ってしまいます。収納場所や移動先の有無も事前に確認しておきましょう。

● 会場で使用できる備品

セミナー会場であれば、マイクなどの音響設備や、プロジェクター、スクリーンなどが使用できるのかどうかを確認しておく必要があります。設備を借りるのに費用がかかる場合には、金額はもちろん、プロジェクターの明るさや解像度などの性能、スクリーンであれば大きさを確認します。OSCでは、マイクとアンプ、プロジェクター、スクリーンなどは、できるだけ自前で用意して会場に持ち込むようにしています。費用削減はもちろんのこと、どの程度使えるのかを把握できているので、設備関連のトラブルを減らして安心して開催できるようにするという理由もあります。

展示会場では、ブース展示で使用する長机のサイズ、借りられる机と椅子の数量などを確認します。その他、案内用の掲示のために使えるホワイトボードやサインスタンドなどもチェックしています。

● セミナー会場と展示会場の行き来

セミナー会場と展示会場の間を行き来することも考えて、どのような配置になっているかも確認が必要です。両者が隣接していることがベストですが、同じ建物で階が違ったり、建物が違っているような場合もあります。

階が違う場合、行き来をエレベーターのみに頼ると、休憩時間に一斉に人が移動することになって非常に待たされるので、階段を使った移動経路も必要となります。建物が違う場合、セミナーと展示の間を行き来することが減ってしまい、全体的にセミナー会場に滞留することが多いため、展示会場が寂しくなってしまうので、可能であれば避けたほうがよいでしょう。

やむを得ず別々になってしまう場合には、セミナー会場側にも展示スペースを設けたり、逆に展示スペース側にもセミナー会場を設けたりすることで、移動を促すといった誘導も必要です。

● インターネット回線

会場内で使用できるインターネット回線の有無は確認しておきましょう。無線LANが一切使えないという会場はかなり少なくなりましたが、同時に多数の参加者が接続することを想定していない場合もあります。有線LANで接続できるなら、別途無線LANアクセスポイントを用意したほうが確実です。接続が多くなりすぎて不調になったときには、強制的にアクセスポイントを再起動して対応できます。インターネット回線が用意されていても、速度が遅くて使いものにならないというような場合もあります。そういったときには、別途用意するのか、あきらめて出展者、参加者にはテザリングなどを使ってもらうのかなどの判断が必要です。

別途用意する場合、主催者側で光回線の契約から行う必要がある場合もあります。たとえば名古屋の会場の場合、光ファイバーが物理的に敷設されているので、イベントの間だけ回線とプロバイダーの契約を行っています。このあたりの事情は会場によって異なるので、会場側と調整するとよいでしょう。

テザリングの場合、電波状況、同時接続による輻輳なども考えなければならないので、出展者にはインターネット接続ができなくてもデモなどが行えるように準備しておいてもらう必要があります。

● 電源

会場で使用できる電源の容量や系統、コンセントの位置などを確認しておきます。以前に比べてノートPCによるデモが増えたため、必要となる電源容量は少なくなりましたが、GPUを使用したり特別な機器を使うなど、電源容量が多く必要となることが予想される場合には電源系統を分離しなければなりません。どのように配線するかも考えておきましょう。

● 飲食

会場で飲食が可能かどうかの確認は必須です。学校の校舎の場合、学生食堂を使わせてもらえるのがベストですが、土曜日はお休みだったり、休暇期間で開いていなかったりすることもあります。会場での飲食が不可の場合、会場内で飲食可能なスペースを使ってもらう必要があります。

また、昼食を会場近辺でとったり、買ってくることができない場合、会場から離れにくい運営スタッフや出展者向けにお弁当などを手配する必要も出てきます。事前予約制にする、ある程度予測して先着順に販売する、ランチセッションを開催するといった対応が必要になるので、企画する側としては少し大変になるのが難点かもしれません。

● 懇親会会場

終了後の懇親会も、会場との兼ね合いで検討しておく必要があります。会場内でそのまま行えるのであれば、飲食物をケータリングしてもらうのか、あるいは簡単なものを主催者側で用意するのかなど、検討しておきましょう。ケータリングは、参加者の層などによっては量が少なくて不満が出ることも多いので、ボリューム感重視のメニューにしてもらうこともありました。

外部の会場を使う場合には、移動方法や開始時間、参加人数などを考慮する必要があります。事前の申し込みからいつ予約人数を確定させるのか、また当日のドタキャンや飛び入り参加希望などで人数が増減したりなど、細かい調整が必要となるので、規模が大きな懇親会の開催は気を遣うことが多くなります。会場下見の段階で、懇親会会場までを考慮しておくことができればベストでしょう。

13-4 日程を検討する

会場の検討が進んだら、日程を検討します。OSCの場合、ほかの開催と3週間は空けるようにしていますが、小規模の開催、あるいは企画運営を自主的に進められるのでOSC事務局の負担が少ない場合には、その限りではありません。さすがに同一日程で開催したことはありませんが、OSC山口のようにOSC福岡の翌日に開催といったパターンもあるので、その他の日程をにらみながらの相談ということになります。

学校の校舎を借りる場合には、4月からの年度始まりからしばらくすると、校舎を使用する行事などの年間日程が固まってくるので、その後に使用依頼をかけると候補日が定まってきます。学校以外の施設は、時期は選択しやすいのですが、予約開始が3か月前だったり半年前だったり、大きい会場であれば1年前からの場合もあります。また、公共施設では利用者登録が必要だったり、月初に希望日が重なった場合には抽選をしたりすることもあります。めぼしい会場は申し込み方法や予約可能時期を早めに確認しておきましょう。

　最近では、Webサイトで空き状況を確認できる会場も増えているので、利用状況を確認してみてもよいでしょう。どの部屋が人気があるのかがわかります。また、たまたま会場の予約状況を見ているときにキャンセルが出たので、急遽開催を決めたということもあります。予約できなかったときも、たまに確認してみるとよいかもしれません。

13-5　スポンサーを見つける

　OSCの趣旨に賛同し、かつコンテンツも提供してくれるようなスポンサーを見つけるのも重要な作業です。地域開催の場合には、IT関係の業務を行っているような企業であれば、自然とオープンソースソフトウェアを業務で活用しているはずなので、まずは失礼のない程度に気軽にスポンサーしてもらえないか、お願いしてみましょう。

　OSCのスポンサー費用は金額的には少額なので、意外とすんなりOKが出たりします。金銭的な支援が難しい場合でも、運営スタッフを出してくれたり機材を貸してくれたりといったこともあるので、積極的に協力してもらうようにしましょう。

13-6　OSC以外のイベントに参加する

　OSCはいろいろなコミュニティが集まったメタ・コミュニティとしてのイベントなので、その他のコミュニティに参加の勧誘をする必要があります。すでにつながりのあるコミュニティはもちろん、名前だけは知っているというコミュニティでも、イベントなどの集まりがあれば参加してみるとよいでしょう。

どのような顔ぶれが、どのような活動をしているのか見ることで、OSCに参加してもらうのはもちろん、開催するOSCに何らかのアレンジを加えて、よりよいものにすることができるかもしれません。また、知らなかったコミュニティや企業とのつながりが新たに生まれるかもしれません。OSCを通して、そのような横のつながりがどんどん拡がっていくのもOSCを企画開催する意義だといえるでしょう。

13-7　運営スタッフを見つける

　企画段階のコアのメンバーは3人からと述べました。しかし、開催の規模感にもよりますが、当日の運営には受付やその他の作業のためにもう少し人数が必要です。運営スタッフとして作業を分担してくれる人を見つけておく必要があります。人づてに知り合いに声がけしたり、参加するコミュニティから人を出してもらったり、いくつかの方法がありますが、つながりのある大学や専門学校などにボランティアスタッフとして参加してもらうのもお勧めです。

■ 2009年11月、高知での開催終了後に学生スタッフと記念撮影。スタッフは少なくても運営はできますが、学生や若手の皆さんに活動の場を提供するのもOSCの役割の1つです。

受付などの運営を手伝ってもらいながら、興味のあるセミナーに参加しても
らったり、ブース展示を見て回ってもらったりなど、バランスよく運営と参加
の両方に関わってもらえるからです。OSCでは、学生スタッフには交通費を支
給するなど、スタッフ参加してもらいやすい対応をしています。

13-8 開催当日

　開催当日にやるべきことについては、「第15章　OSC開催当日のOSC事務
局の仕事」で詳しく紹介しているので、参照してください。その他にも、「第16
章　OSC出展マニュアル」「第17章　OSC参加マニュアル」でも、出展者や参
加者としての当日の対応や行動に触れています。併せて参考にするとよいで
しょう。

第14章

OSC事務局のお仕事マニュアル

OSCは、OSC事務局が運営に必要となる事務的な作業を引き受け、有志の実行委員会がイベント内のコンテンツの企画を行うという2階建て方式で開催を行っています。OSC事務局の作業は基本的に各開催で似通っているので、ルーティンワーク化することで各開催の間でのバラツキをなくして効率化するとともに、ボランティアによる作業量のムラに依存せずに安定して開催できるようにしています。ここでは、OSC開催までの間にOSC事務局がどのようなことを行っているかをまとめてみました。OSCの舞台裏を知ることができるだけでなく、独自のイベントを開催する際の参考にもなるでしょう。

14-1 開催日程の調整

OSCは、年間を通してほぼ毎月開催されていることもあり、OSC事務局の最も重要な仕事は開催日程の調整です。長い間開催してきたこともあり、主要な地域での開催については何となく固定されてきています。おおよそ、次のような感じです。

- 1 月　大阪
- 2 月　東京春
- 3 月　年度末なので開催するにしても前半まで
- 4 月　年度始まりなので開催しづらいがなくもない
- 5 月　名古屋
- 6 月　北海道
- 7 月　京都

223

8 月	Open Developers Conference（開発に特化）
9 月	広島
10 月	東京秋
11 月	福岡
12 月	年末なので開催するにしても前半まで

　これらのスケジュールも、会場の都合などで多少前後したり、入れ替わったりしますが、年度の前半／後半という形で調整していきます。会場によっては1年前からの予約のため、たとえば名古屋の開催であればその年の開催前に、次の年の開催日が決まっていたりすることもあります。

　これらの基本となる地域での開催スケジュールを調整していった後、その他の開催地域の開催希望日も並行して調整していきます。できるだけ各開催の間隔は3週間は開けるようにしていますが、会場の空きの都合などで2週連続開催になる場合もあるので、特に年度の後半、秋から冬は過密スケジュールになります。

　開催日程の調整にあたっては、同じ日に開催される似たようなイベントがないかなども調査しながら進めています。しかし、最近ではイベント開催がかなり増えたので、同日開催回避は難しくなってきます。最終的には会場予約が取れるかどうかが決め手となって開催日を決めているのが実情です。

　全体的には、だいたい半年先までは開催予定が決まっている状態を維持していきます。開催日程が決まると、逆算して、いつ何をするのか決まっていくので、OSC事務局のカレンダーはタスクリストでビッシリと埋まっており、その予定に従って開催準備を進めていくことになります。

14-2　会場の予約

　開催日程の調整の中には、会場の予約の作業も入ってきます。ある程度の開催時期が決まっている地域については、会場の空き状況を確認の上、早め早めに会場予約を入れていきます。日程の選択肢がある場合には調整の余地もありますが、いい会場はどんどん予約が埋まっていくので、否応もなく日程が決まっていくことがほとんどです。

何度もOSCで使用している会場であれば、前年の状況を踏まえてセミナー会場の大きさや数、展示会場の広さなどを決められますが、同じ会場が確保できない場合には図面を確認したり、場合によっては現地の下見をして会場を確定させます。その会場を使ったことがある人へのヒアリングや、場合によっては現地で動ける人に下見に行ってもらい、開催可能かどうかを確認してもらうようにしています。

14-3　Webサイトの作成

開催日程、会場予約が行えたら、Webサイトを作成して開催予定を告知します。今のところ、ランディングページとして各種情報へのリンクを備えたWebサイトと、参加申し込みを受け付ける「connpass」のイベントページを作成するようにしています。

OSC以外のイベントのWebサイトを見ていると、きちんとデザインされていて凝ったものを作っているところもありますが、OSCの場合は開催の頻度が高いこともあり、毎回手間暇をかけることができないので、かなりシンプルなページになっています。それでも、各開催ともそれなりの人数の参加者が集まっているので、問題はないのでしょう。

■ OSC京都2024のWebページ。超シンプルだけど、必要十分な情報が揃っています。

14-4 出展申し込みシートの作成

セミナーやブース展示を申し込むための出展申し込みシートを作成します。基本的な出展者の情報のほか、セミナーのタイトルや概要、セミナーの開催希望時間帯などを質問するシートです。

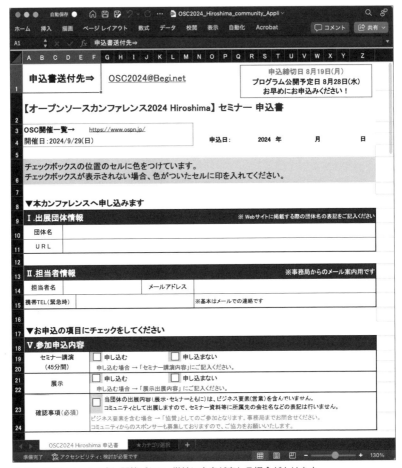

■ 申し込みフォームの例。開催ごとに、微妙に内容が変わる場合があります。

　　セミナーの開催時間は、基本的には10時スタートで45分間、15分休憩で次のセミナー開始と進みますが、午後に長時間の休憩を入れたり、会場撤収の

都合で終了時間が前倒しになったりすることもあるので、若干変化したりすることがあります。

　Excel形式とLibreOfficeなどで扱えるODS形式の2種類を用意して記入してもらっています。毎回参加するスポンサーやコミュニティから、そのつど記入する必要があるので簡略化のためにWebアプリケーションにしてほしいという要望を受けることもあるのですが、一種の業務システムとして見るとそれほど多くの申し込みを受け付けるわけではないので、アプリケーションの開発や継続的に運用するコストのほうが高くなってしまいます。結局、お互いに淡々と手作業にしたほうがコストが低く、データが消えてしまったりして困ることもなく確実なので、今でもシートへの記入をお願いしています。こういうところが悩ましい部分ですね。

14-5　参加申し込みの受付

　セミナープログラムが確定して外部に向けて公開したら、当日の一般参加者の参加申し込みを受け付けます。前述したように、ランディングページのほか、現在はconnpassによる参加申し込み受付を行っています。

　以前は独自システムで参加希望のセミナーを選んでもらい、場合によっては会場の入れ替えなどを行っていましたが、最近では人が集まりそうなセミナーをあらかじめ大きな会場に割り当てておけば満員で入れないということもないので、単に当日来る人数を把握するだけにしています。もともと、参加希望のセミナーを選んでもらっても、当日各セミナー会場で申し込みをチェックしたりしてはいなかったので、アンケートを取っていた程度であったこともあり、あまり大きな問題にはなりませんでした。

　ただし、懇親会を開催する場合には、参加人数をきちんと把握する必要があるので、connpassでも別のイベントとして用意し、しっかりと事前申し込みをしてもらうようにしています。本当は事前払いにして当日ドタキャンによる損失を回避できるようにしたいとも考えるのですが、事前申し込みなしで当日参加したい人も出てくるので、そこで相殺して予定通りの参加人数に調整するようにしています。このあたりは懇親会の幹事としての腕の見せどころでしょう。

■ connpassのイベント参加登録ページ。

14-6　備品の準備と発送

　開催会場に持って行く備品の準備を行います。備品リストを作成し、オフィス内の倉庫に収められている備品を箱詰めして、会場に発送します。文房具などの基本的なアイテムはプラスチックのケースに入れられてパッケージ化されているので、そのまま送るだけで大丈夫なようになっています。

　セミナー用のプロジェクターやマイク、無線LANアクセスポイントなどは、各開催によって必要数が異なるので調整して発送を行います。機材トラブルがつきものなので、必ず予備の機材も持って行くようにしています。会場で安価に借りられると発送する荷物が少なくて助かるのですが、なかなかそうはいかないのが悩ましいところです。

　大きめの開催の場合、持って行く備品もかなりの量になるので、さながらオフィスがまるごと移動するような状態となります。スクリーンなどの大きめの荷物もあるので、チャーター便を使って発送することになります。

■ OSC事務局の荷物や出展者からの送付物。配送業者さんが悲鳴を上げるぐらいの量が届きます。

14-7　印刷物の作成

　会場内に掲示するセミナープログラムや導線案内用の張り紙、ブース展示の出展者名表示など、開催ごとにかなりの量の印刷物を作成しています。

　エレベーターや階段などの会場内設備を案内する張り紙はあらかじめ一式用意し、使用しては追加するようにしています。また、頻繁に使用する矢印はいろいろな形のものを取りそろえており、現場で必要なものを使って導線案内をするようにしています。

14-8　SNSによる情報発信

　OSC開催の告知は、SNSによる発信と、これまで参加したことのある皆さんに対して送っているメールマガジン、そして出展するスポンサーやコミュニティからのお知らせなどが主な情報源になっています。SNSは、主にX(旧Twitter)を使っており、公式アカウントからのお知らせポストや、その他のOSC関連ポストをリポストする形で拡散を図っています。

また、一般参加者の参加申し込みをconnpassで行っているので、すでに参加したことがあるメンバーが7,000人以上います。そのため、参加申し込み受付のためのイベントを作成すると一斉に通知が飛ぶので、すでに参加したことがある人にはお知らせが届くようになっています。

このように、ある程度情報発信チャンネルが整っているため、告知自体はかなりスムーズに行えているのですが、それでも開催情報を見落とされがちであったりもします。開催後に気づいたといわれることもあるので、周知徹底をする方法を確立するのが課題です。オンラインのときには後からアーカイブした動画を試聴してもらうことができましたが、リアル開催ではそれもできないので、できるだけ事前に必要な人に開催情報を届けられるようにしたいと思っています。

14-9　アンケートの集計

connpassでの一般参加者の参加申し込み時に、参加者がどのような人なのかなどのアンケートをとっています。合わせて、スポンサーに対してメールアドレスを提供しているので、オプトインの形でのメールアドレスの取得やメールマガジンの登録をお願いしています。また、終了後には感想などを記入してもらうオンラインアンケートも実施しています。

これらのアンケート結果を集計し、スポンサーやコミュニティに対して共有しています。以前はリアル会場でアンケート用紙を配布して回答してもらい、提出と引き換えに各種景品の当たるくじ引きを行っていましたが、オンライン開催に移行する際に現在の形式に変更しました。

とはいえ、事前アンケートでは参加した上での感想などを記入できませんし、開催後のオンラインアンケートも残念ながら回答数はそれほど多くはありません。やはり、目の前でくじ引きができるとなるとアンケート回答数は多くなるので、そろそろアンケート用紙方式に戻すべきなのかと考えてもいます。とはいえ、紙のアンケートは集計にかなり手間がかかるのが難点なので、悩ましいところです。

14-10　開催レポートの作成

　開催後には開催レポートを作成しています。開催に関する基本的な情報はテンプレート化し、開催内容についてはセミナー講師やブース出展者、学生スタッフなどにレポートや感想などを書いてもらって、掲載する形を採るようにしました。ビジュアル面では、事務局で撮影した写真や、スタッフ、出展者からも写真を募って掲載しています。

　レポート作成作業をある程度ワークフロー化したおかげで、毎回安定して記録が残るようにできました。意外と「去年はどうしていたっけ？」と思い出すためにレポートを参照して確認することも多いので、開催レポートの作成は重要な作業となっています。

第15章
OSC開催当日の
OSC事務局の仕事

　OSC開催の当日は、OSC事務局が運営本部となり、運営スタッフの皆さんと準備から運営、そして終了後の撤収まで協力して行っていきます。ここでは、前日準備から撤収までの流れをまとめてみました。

15-1　前日準備

　OSC開催は、実際には前日の準備から始まっています。とはいえ、以前は当日参加者に配布する資料を袋に詰める作業があったので、前日準備は現地スタッフの協力をお願いしてかなり大変だったのですが、コロナ禍を経て配布物をなくすことにしたので、前日準備はかなり楽になりました。

　それでも、事前に発送しておいた事務局の備品だけではなく、出展者のブース展示用の荷物の受け取りも必要なので、前日から会場入りして受け取ったり、プロジェクターやマイクといった備品をあらかじめ会場別に仕分けしたりなど、当日朝からの準備がスムーズに進むようにしています。受け取る荷物はブース展示などの規模にもよりますが、かなりの量になります。届いた荷物は、どの出展者のものかを確認して名前を書いておき、当日朝の引き渡しがスムーズに行えるように出展者ごとに並べておきます。

　会場の費用がかかる場合には前日準備は最小限に留めていますが、あらかじめ準備が可能な会場の場合、導線案内用の張り紙や掲示物などを貼ったりするといった細々とした作業を行っておけるので、当日準備がとても楽になります。翌日の開催への期待と緊張が高まる前日準備です。

■ 来場者配布物準備の様子。最盛期には1,000セットほどを前日準備で用意していました。

15-2　受付の設営

　当日の朝、真っ先に行うのが受付の設営です。会場が使用可能になった後、続々と出展者が集まってくるので、その応対が可能なように準備をするほか、会場設営の指揮も受付を中心に行うためです。

　そのため、受付ですぐに必要となるものを発送時にわかりやすく梱包して送るようにしたり、前日の荷物受け取り後の仕分けで一番最初に受付設営が可能な状態にしておくわけです。

15-3 展示会場の設営

　受付の設営と並行して、展示会場の設営を進めていきます。事前に展示会場内のレイアウトを決めてあるので、レイアウト図にしたがってブース展示用の長机を並べていきます。事前にある程度並べておいてくれる会場もありますが、自分たちで倉庫から机と椅子を出してきて並べなければならない会場や、学校の校舎であれば別の教室などから必要な数だけ机と椅子を運んでくる必要がある場合もあります。かなり人手が必要になる作業なので、早くから会場に到着している出展者の皆さんに協力してもらい、机を並べていきます。

　使ったことがある会場であれば、実際に並べた状態を反映させた図面を過去に作成しているので、事前にかなり正確な位置を決めてレイアウト設計ができます。初めての会場やレイアウトを大きく変えた場合には現地での調整が必要となります。まずは実際に並べてみて、来場者が通る通路の幅や出展者が座るスペースなどのバランスを見て調整を行います。特に来場者のための通路がきちんと確保できていることを重要視しており、思った通りにならないこともあるので、そのような場合にはその場で大幅にレイアウトを変更してしまうこともあります。このあたりの思い切った判断は設営責任者以外の人が行うことは難しいので、一緒に準備作業を行っている人に意図を伝えながら設営責任者が調整しています。

　机の配置が決まったら、出展者が座る椅子を並べていきます。机が仮置きされた段階で椅子を置くと、机を後ろに下げるような調整が難しくなるので、机の位置が確定してから椅子を置いていきます。展示会場の準備は慌てずゆっくりを心がける必要があります。

　最後に電源の配線をしていきます。基本的に出展者には自分で使用する分の電源タップは持ってきてもらうようにお願いしているので、いくつかのブースの集まりごとに1つずつ電源の口を用意します。壁際は問題ないのですが、通路をまたぐ必要があるところはできるだけ参加者の通行の邪魔にならないように配線し、電源ケーブルの上には専用のカバーか、ケーブル保護用に2倍の幅がある養生テープを使って養生します。

15-4　セミナー会場の設営

　展示会場の準備と同時に、セミナー会場の設営も行っていきます。ただし、一から机などを並べていく必要のある展示会場に比べて、セミナー会場は既に机や椅子が並べてあることが多いので、プロジェクターやマイクなどの備品を設置していくだけの作業となります。このあたりの機材を扱ったことがある人でないと準備ができないので、ある程度選抜したメンバーで準備を行っていくことになります。

　プロジェクターの設置は、スクリーンとの距離を考慮した置き場所の決定や、プロジェクターの角度などの調整に少し慣れが必要です。自分で設置したことがある人は少ないかもしれません。マイクの設置は、スピーカーアンプのボリューム調整程度なので、あまり難しいところはありません。

　そのほか、セミナー会場として使いやすいように、講師席の位置を調整したり、プロジェクターの投影画面が見やすくなるようにカーテンを閉めたり照明を調整したりといった細かい準備も含めて各会場に対して行っていきます。

15-5　導線案内の設置

　会場の入り口から受付までの導線、展示会場やセミナー会場へと参加者を誘導するための導線案内の設置を行っていきます。会場に案内のために使えるスタンドなどがあれば、見通しのよい場所に設置したり、低粘着テープで壁面などに貼っていきます。会場によって、張り紙などを自由に行える会場もあれば、厳しく制限されていることもあります。そして、厳しく制限されている会場ほど、会場入り口から受付までが遠かったり、移動経路がわかりにくかったりというものだったりします。そのような場合、参加者に不便をかけてしまうのが申し訳なく思うのですが、会場利用のルールなのでどうすることもできないのが悩ましいところです。

■ ホワイトボードが借りられると、案内をまとめて貼り出せるので重宝します。

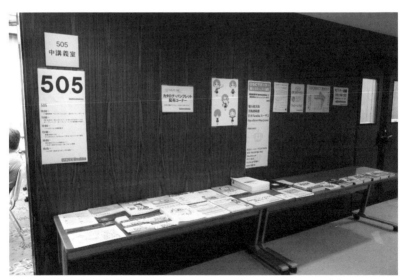

■ 張り紙可能な会場の場合、このようにいろいろと張り出すことができるので案内がしやすくなります。

15-6　インターネット接続の準備

　会場で無線LANを使用できるように準備します。学校の校舎を借りている場合、学内の無線LANをイベント用に開放してくれることもあるので、このような場合はとても楽になります。多くの会場では、会場に用意されている有線LANの接続ポートに、用意しておいた無線LANアクセスポイントを接続します。大きめの展示会場の場合、1台では電波が隅々まで届かないので、離れた場所にもう1台設置したりします。配線用に長さ50メートルのLANケーブルを用意しています。

15-7　開催中はトラブル対応

　トラブルというと大げさですが、ある程度準備が完了してセミナーやブース展示がスタートすると、いろいろと問題が発生してきます。最も多いのが「○○がない」というパターンです。たとえば、セミナーの講師がプロジェクターに接続する変換アダプターがないとか、相性が問題が発生して手持ちのアダプターではうまく出力できないということがあります。それ以外にも、ブース展示で必要なものを忘れてきてしまったとか、運搬中に壊れてしまったとか、理由もさまざまです。そもそも荷物が届いていないということもごく希に発生するので、出展者には発送時の伝票をスマートフォンで撮影しておき、追跡番号がわかるようにしておいてもらうことをお勧めしています。

　トラブル対応は、事務局でできるだけ行うようにしていますが、場合によっては、ほかの出展者や参加者のフォローで解決する場合もあります。このようなときは、コミュニティ活動のよさを感じます。

15-8　懇親会の参加受付

　開催時間中、終了後の懇親会に参加する人から参加費を徴収していくのも大事な仕事です。事前申し込みリストをチェックしていき、早めに最終的な参加人数を確定させないと、当日飛び入り参加希望の人を繰り上げ参加可能に

できないからです。ある程度受け付けが進んで残り数人となったら、まだ受け付けていない人に個別に確認を取りに行きます。ブース展示をワンオペで回していて動けないなどということもよくあります。

　領収書の発行も大事なポイントです。現在ではインボイス対応の領収書を要求されることが増えましたが、OSC事務局は企業の業務として行っていることもあり、対応した領収書を発行しています。インボイス対応の領収書は事業者でないと発行できないので、コミュニティ主体の運営では難しいのです。懇親会で利用するレストランなどに個別の領収書を発行してもらうなど、対応に工夫が必要となる場合があるかもしれません。

15-9　会場片付け

　セミナーが終わったら、各会場からプロジェクターやマイクを回収します。準備のときに比べると、回収は片付けるだけなので比較的楽ですが、会場の都合で片付け時間が短時間しかない場合には、とにかく会場の外に持ち出して……といったこともあります。時間との戦いです。

　展示会場のほうは、ブース展示で並べたものを片付けてから、机椅子を片付けるという段取りになるので、二段階の片付けが必要です。手慣れた出展者の場合には、終了時間の少し前から整理を始めて、展示時間終了後、ささっと片付けてしまいます。一方で、ブースでの会話が弾んでしまったり、たまたま片付け時間のセミナー講師が入っていたりすると大変なことになります。周りの出展者が代わりにある程度片付けておくなんてこともあったりします。

　机と椅子の片付けは準備で並べるときに比べると単純作業なので、出展者全員で手分けしてしまえばあっという間に終わってしまいます。片付けが終わった後は、本当に祭りの後でやり切ったなという感じになります。

15-10　荷物発送

　出展者の荷物は、会場から直接発送するようにしています。配達業者に集荷に来てもらいますが、原則着払いとなるので、元払いの場合には営業所やコンビニに持ち込んでもらうようにしています。時間通りに集荷に来てもらえると

予定通りに撤収が完了できるのですが、ごく希に時間になってもなかなか集荷に来てもらえないこともあります。そのような場合でも、会場側で集荷対応をしてもらえることがあり、非常にありがたいです。

15-11　懇親会でOSC開催終了

懇親会に参加するのもOSC事務局としての大切な仕事のうちではありますが、大事なのは利用しているレストランなどへの会費の支払いです。規模によってはかなりの金額の支払いになるので、しっかりと支払いを完了させなければなりません。終了後に忘れ物がないかを確認し、無事に終了すれば、長かったOSCは全て終了です。そのまま、運営スタッフと二次会に流れていくこともありますが……。

15-12　イベントで用意しておきたいアイテムリスト

OSC事務局では、スムーズな運営のためにさまざまな備品を用意していますが、特に「**これはイベント運営には欠かせない！**」というものをピックアップしてみました。

■ 文房具箱

現場での各種作業に文房具が必要になるので、事務局で準備する荷物の中でも一番最初に取り出せる位置に文房具箱を用意しています。主な中身は次の通りです。

- はさみ
- カッター
- ボールペン
- 油性ペン（黒・赤）

■ 養生テープ

ガムテープも用意していますが、使用頻度が高いのは、剥がしやすい養生テープです。白と緑の2色を用意しているほか、床の電源ケーブルを養生するために2倍の幅の養生テープも用意しています。

■ 低粘着テープ

壁に張り紙をする際に使用する低粘着テープです。一番粘着力が低いものを使用しているので、糊が剥がれて壁に跡が残ったり、壁紙が剥がれたりしません。会場によっては張り紙は一切禁止の場合もあるので、確認の上で使用します。ブース展示の長机に出展者名を印刷した紙を貼り付けたりするのにも使用します。使用頻度が高いので、毎回いっぱい持って行って会場内にばらまきます。数を管理しているわけでもないので、どこかに消えていったものもあるかもしれません。

■ HDMI変換アダプター

セミナー講師がプロジェクターに接続する際に使用します。以前はアナログVGA接続だったのですが、世の中はすっかりHDMI接続に切り替わったようです。本体側もUSB Type-C接続になりました。講師が自分の手持ちのアダプターを持ってきてくれる場合もありますが、HDMI接続はプロジェクターとの相性があるようで、うまく画面出力できない場合もあり、貸し出し用のアダプターは多めに用意しています。

■ こんなアイテムも用意しています

必須のアイテムではありませんが、イベント開催でさりげなく力を発揮してくれるアイテムもピックアップしてみました。

マイクアンプ

セミナー会場で使用する講師用のマイクアンプです。OSC事務局では、ローランドのモバイルアンプ「MOBILE CUBE」を使用しています。非常に小型なので、各地の開催に持って行くことができます。

■ ローランドのモバイルアンプ「MOBILE CUBE」。電池でも駆動可能。

ケーブルプロテクター

　展示会場で電源の配線をする際、どうしても通路に配線を通す必要がある場合、ケーブルプロテクターでその上を覆います。あまり市販されているものがないのですが、OSC事務局では工事現場などでケーブルを覆うためのケーブルプロテクターを使用しています。

■ ケーブルプロテクター。裏側が溝になっており、ケーブルを覆えます。

折りたたみ式ポールスタンド

のぼりを立てるためのポールです。通常はプラスチック製の注水式ポールスタンドに立てて使いますが、非常にかさばるため、折りたたみ式の金属製ポールスタンドを使用しています。たたむとコンパクトになるため、荷物に入れての発送も可能です。

■ 折りたたみ式ポールスタンド。金属製で2キロ以上あるので無風なら屋外でも使用可能。

第16章

OSC出展マニュアル

　OSCにコミュニティ、あるいは企業として出展する場合に行うことをまとめてみました。ほかのイベントでも、出展者にどのように振る舞ってもらえばよいかの参考になるでしょう。

16-1　参加するOSCを決める

　OSCは年間を通して日本全国のさまざまな地域で開催しています。地域にもよりますが、近隣でも年2回から3回の開催があるので、開催スケジュールを見て出展するOSCを決めましょう。

　開催日程は順次公開していますが、会場は確保されているものの開催予定を公開していない場合もあります。公開されていない先のスケジュールについては、OSC事務局に問い合わせてみてください。開催未定の場合でも、日程が決まったらお知らせすることも行っています。

■ その他のOSCに参加してみる

　出展するOSCのスケジュールがかなり先になるのであれば、それまでの間に開催されるOSCに参加してみてください。OSCの雰囲気もわかりますし、自身の出展のヒントになることもあるかもしれません。

　すでに参加したことがあるのであれば、OSCは出展者としての視点で参加してみると、新たな発見もあるかもしれません。気になることがあれば、出展者に質問してみてもよいでしょう。

16-2　出展のテーマを検討する

OSCに出展して、どのようなことを伝えたいのかというテーマを検討します。企業であれば、「自社の認知度を高める」「自社の製品やサービスを紹介する」「人材を採用したい」などが主なテーマになるでしょう。コミュニティの場合には、どのようなコミュニティなのかにもよりますが、活動内容を紹介したり、成果を発表するということになるかと思います。

16-3　セミナーの内容を検討する

セミナーで発表するのであれば、テーマにしたがってセミナーのタイトルや概要を検討します。基本的に自由に発表して構わないのですが、もう少し効果を考えるのであれば、次のような点に留意するとよいでしょう。

■ 対象者を明確にする

どのような相手に伝えたいのかを明確にします。幅広くいろいろな人に伝えたいのであれば広く浅くになりますし、特定の人に伝えればよいのであれば具体的にどのような人なのかを明確にします。これを「ペルソナを設定する」と呼ぶことがあります。ペルソナが明確であればあるほど、伝えるべき情報も明確になっていきます。

■ レベルを設定する

対象者が明確になれば、セミナー内容のレベルも決まってきます。幅広い人に対してであれば入門レベルにする必要がありますし、特定の人に対してであれば応用レベルの話が求められるようになります。

■ 概要を書き出してみる

セミナータイトルを決めるのに慣れていないうちは、タイトルよりも先に概要を書き出してみます。概要を書くのも慣れていないと、短く素っ気ない文章になりがちです。よくあるセミナー概要として、次のようなパターンで書いてみてはどうでしょうか。

● 背景やニーズの説明

　最初に、世の中の状況など、テーマの背景を説明します。それらの背景を踏まえて、どのようなニーズがあるのかを説明します。

● セミナーで話すことの説明

　セミナーでどのようなことを話すのかを説明します。

　次に示したのは、私が実際にOSCでお話ししている「DevOps」に関するセミナーの概要です。前半は背景やニーズについて、そして後半がセミナーで話すことを説明しています。

コンテナ技術、インフラのクラウド化、自動化ツールの発展によりインフラのコード化が容易になり、CI/CDやInfrastructure as Codeを導入される事例も増えています。また、DXを実現するためにアジャイルな開発手法を取り入れ、DevOpsを実現したいと考えている企業・組織も増えています。しかし一方で、さまざまな理由により踏み込めない方も少なくないと思います。
本セミナーではDevOpsの概念と、DevOpsを支える技術やメリット／デメリットを解説しながら、DevOps導入の手引きをご紹介いたします。

■ セミナータイトルを検討する

　概要を書き出したら、セミナーのタイトルを検討します。セミナータイトルで集客が大幅に変わってくるので、より集客につながるタイトルを考えなければなりません。普通にタイトルをつけると「○○のご紹介」といった形になりがちです。もちろん、○○に入る製品やサービス、技術がよく知られているもので、かつこれだけで興味を惹くものならばこのタイトルでもよいのですが、そのようなことは少ないでしょう。そこで、先に書き出しておいた概要から使えるキーワードを抜き出してきてみます。

　たとえば、私の出した例であれば、次のようなキーワードが挙げられます。

● DXを実現
● アジャイルな開発手法

これらのキーワードを組み合わせてみます。たとえば、こんな感じです。

- 「DevOpsによるDXの実現」
- 「DXを実現するためのアジャイルな開発手法」
- 「DevOpsとアジャイルな開発手法」

ここから少しアレンジして、セミナーのタイトルらしさを出していきます。

- 「DevOpsによってDXを実現するには」
- 「DXを実現するアジャイルな開発手法の始め方」
- 「DevOpsとアジャイルな開発手法で実現するDX」

　実際には、このようなキーワードの組み合わせ＋αをいろいろと作って味付けを行い、最終的に興味を惹きそうなタイトルを決めていきます。

　実際に、セミナータイトルをパッと見て、もっとよくすることができると思えるタイトルについては、概要などを参考にこのような手法でタイトルをいくつか作成して、改善の提案をすることもあります。

16-4　ブース展示の内容を検討する

ブース展示を行うのであれば、どのような展示をするのかを検討します。

■ デモ展示を用意する

　最もわかりやすいのが、デモ展示です。実際に動いているものを見せたり、触って動かせるようにしたりすることが多いです。触れるようにするには、キーボードやマウスはもちろん、カメラを置いて映像を映したり、IoT（Internet of the Things）であればデバイスを用意して操作に使うなど、わかりやすさだけではなく、おもしろさも追求してみてもよいでしょう。

■ 2011年11月、広島での開催でのブース展示。IP電話ソリューションなども当時は人気でした。

配布用印刷物を用意する

　デモのほかに、印刷物の配布もオーソドックスな手法です。カタログやチラシの類いから、セミナー資料を印刷したものなど、興味を持ったら持ち帰れるものを用意しておきます。

ノベルティグッズを作る

　そのほかに、ノベルティグッズを作成するのもよいでしょう。ノートパソコンに貼れるシールは定番ですが、作成する際には剥がしやすいタイプの糊を使ったものを作ると親切です。そのほか、さまざまな趣向を凝らしたノベルティグッズを配っています。

　ノベルティグッズ製造を請け負っている業者のWebサイトなどを見てみるとコスト別にさまざまなものが紹介されているので、それらの中から選んでもよいでしょう。

16-5　出展申請する

OSCの開催3か月くらい前から、スポンサーおよびコミュニティの出展申し込みを開始します。申し込みシートが配布されるので、セミナーやブース展示の情報などを記入してOSC事務局に提出します。必要な手続きが完了すると、Webサイトに出展者として記載されます。

16-6　宿泊の手配をする

遠方の開催地で宿泊を伴う場合には、宿泊の手配は早めにしておくことをお勧めしています。直前になって宿泊予約をしようとしても、リーズナブルな宿泊先は予約が取れないことが多くなっているためです。

たとえば、福岡での開催は、意外なことに宿泊できる宿の数が少ないので予約が取りにくいのです。また、福岡ドームなどでイベントなどが開催されることになっていると、さらに予約が取れなくなります。やむを得ず、福岡以外の場所、北九州や小倉、久留米といった移動に30分〜1時間かかるような場所に宿泊しなければならなくなったこともありました。出展申請と同時に宿泊の手配をするようにしましょう。

16-7　セミナー資料を準備する

開催が近づいてきたら、セミナー資料を準備しておきましょう。事前にどこかの資料公開サイトにアップロードするか、OSC事務局にPDFファイルで提出すると、あらかじめセミナープログラムからリンクされるので、セミナー開催時に参加者が参照しながら聴講できます。ギリギリまで資料を作成しない人も多いのですが、できれば1週間ぐらい前には完成させておき、少し寝かせてから見直して修正することをお勧めします。また、セミナー開催時に誤字脱字を発見したり、説明しにくいと感じる部分が出てきたりするので、終了後に見直して早めに直しておくと、次回以降のセミナーを行うのが楽になります。

16-8　ブース展示用の備品を送付する

　ブース展示で使用する備品などを荷造りし、早めに発送します。会場での荷受けを行うため、開催日前日の午後に日時を指定して送付してもらうようにしています。あまりギリギリの発送だと日時指定の通りに配達されないので、できれば開催する週の頭には発送できるように準備しておきましょう。配送先は、開催の2週間前にOSC事務局から「出展のご案内」としてお知らせしています。

　また、配送時に事故で中に入れたものが壊れてしまうことがあります。壊れやすいものを梱包材で包んだり、空間が空いてしまった場合には緩衝材を入れておいたりなど、配送事故が起きないように対応しておきましょう。

　なお、返送時の着払い伝票をあらかじめ用意しておくと、当日の返送が楽になります。返送についても出展の案内を確認してください。

16-9　開催日当日

　開催日当日に寝坊したりしないように、前日は早めに休みましょう。

■ 会場入り

　会場は開催によって異なりますが、たいていは9時ころには開場して中に入れるようになっています。余裕があれば、早めに会場に来て、会場設営などの準備を手伝ってもらえると、みんなでOSCを開催していると実感できます。

■ ブース展示準備

　展示会場の机や椅子を並べ終わったら、ブース展示の準備を始めましょう。事前に発送した荷物がある場合には、運営スタッフがブースに持って行きますが、届いていないような場合には受付で確認してみるとよいでしょう。不要品は机の下に入れておくか、大きい箱などは受付に預けることもできます。

251

■ セミナー準備

　セミナーは45分のセミナー時間の合間に15分間の休憩を挟んでおり、ここ
で次のセミナー講師の準備を行います。余裕があれば、早めの休憩時間にセミ
ナー会場に足を運んでプロジェクターの接続テストを行っておくことをお勧め
します。開催直前に接続トラブルが起きると対応に時間がかかってしまい、
時間通りにセミナーを始めることができない場合があるためです。特に受付と
セミナー会場の間が離れている場合、トラブルに対応するためにスタッフが
セミナー会場に到着するのにも時間がかかってしまいます。

第17章

OSC参加マニュアル

　OSCに参加して楽しむためのポイントをまとめてみました。初めて参加する人も、すでに参加したことがある人も、参考にしてみてください。

17-1　参加するOSCを決める

　参加するOSCを決めましょう。大きく分けて1月から8月までの期間と、9月から12月までの期間でスケジュールが変わってきます。次に示したのは主要開催地の大まかな開催スケジュールです。

- 1 月　大阪
- 2 月　東京春
- 3 月　年度末なので開催するにしても前半まで
- 4 月　年度始まりなので開催しづらいがなくもない
- 5 月　名古屋
- 6 月　北海道
- 7 月　京都
- 8 月　Open Developers Conference（開発に特化）
- 9 月　広島
- 10月　東京秋
- 11月　福岡
- 12月　年末なので開催するにしても前半まで

1月から8月までの間は、その他の開催地域がスケジュールに入ってくることはほとんどありません。9月から12月の間は、かなりいろいろな地域で日程を調整した上で開催してきます。過去の開催地域を参考に、近くで開催するOSCに参加する算段を立てるとよいでしょう。

では、実際のところ、ほぼ毎月のように開催されているOSCのうち、どれに参加するべきでしょうか。

近くのOSCに参加する

まず思い浮かぶのが、近くで開催されるOSCに参加するパターンです。当然、これが圧倒的に多いでしょう。近距離であればよいのですが、移動に2時間かかるぐらいまでが許容範囲内でしょうか。

現在の開催地は全国的に満遍なく散らばっているので、主要都市圏であれば年間1回ないし2回は参加する機会があるかと思います。

少し遠出してみる

近くの範囲を2時間程度と考えると、それを超えると場合によっては前泊、あるいは後泊を検討するくらいの距離の地域に出かけることになります。どちらかというと、終了後の懇親会まで楽しむことを考えると、後泊して翌日ゆっくりと帰るパターンが有力でしょう。そうすると、出発は開催日当日の朝早くから移動になるかもしれません。そのためか、お昼ころに会場に到着する参加者が多いような気もします。通常は、これくらいの距離感までの参加者が多いように思います。

行ってみたい開催地のOSCに参加する

距離や移動時間など関係なく、行ってみたい開催地のOSCに参加するのもお勧めです。もともと草創期から北海道や沖縄でOSCを開催していたのは、観光も兼ねて来てみたいと思う人に参加してもらうことで、地域間の交流を活発にしたいと考えていたからです。観光も兼ねて、遠方で開催されるOSCに参加することも検討してみてください。

17-2　参加申し込みを行う

　OSCに参加する場合には、事前に参加申し込みをお願いします。当日、会場で申し込みをチェックしているわけではありませんが、何人くらいが参加するのかを見積もるための重要な情報となります。また、何か重要な変更があった場合には、参加申し込みをしてくれている人に対してメールなどでお知らせをすることがあります。それらを受け取るためにも事前参加申し込みをお願いしています。

■ 懇親会は早めに参加申し込みを

　終了後に懇親会が開催される場合、こちらは事前の申し込みが必須になります。また、会場の都合で参加人数が限られる場合、ギリギリの申し込みだと満員になってしまっていて申し込みができなくなる場合があります。懇親会の参加を希望する場合には、早めの申し込みをお勧めします。

17-3　事前情報の収集

　セミナープログラムは、開催の4週間前くらいには公開されます。ただ、その後もタイムテーブルに空き枠がある場合には追加でセミナーを受け付けているので、改めて開催前にどのようなセミナーが開催されるのかを確認しておき、どのセミナーに参加するか決めておくとよいでしょう。

　その際、ブース展示を廻ってみるための時間も作っておく必要があります。ざっと見るだけであれば、ブース出展数にもよりますが、1時間程度は取っておきたいものです。出展者の中で特に話を聞きたいブースを決めておくと効率よく回ることができるので、出展者の展示内容もチェックしておきましょう。

■ ランチをどうするか決めておく

　セミナーや展示を廻る予定のほかに、ランチをどうするかも決めておきたいところです。事前準備を怠ると昼食抜きになってしまうこともあるので、必ず事前に確認をしておいてください。

会場が学校で、学生食堂などで食事ができる場合には、事前にその旨をアナウンスしています。会場周辺で何か食べたい場合には、地図やサイトなどで事前に周囲の飲食店をチェックしておくとよいでしょう。会場によって、飲食店が充実しているところもあれば、ほとんどない場所もあります。持ち込みで食事をすることができる場所が会場内にある場合には、基本的に開催情報に記載しているので、会場に到着する前に何か買っておくとよいでしょう。不明な場合には、遠慮なくOSC事務局まで問い合わせてください。

17-4　会場で受付をする

　当日は会場に着いたら、まずは受付で名札などを受け取ってください。会場となる建物の入り口などに受付までの導線案内が出せる場合はよいのですが、共用スペースのために案内が出せないこともあります。事前に会場の建物名やフロア階数などを確認しておいてください。

　受付で配っている名札は、必ず受け取ってください。配布した名札の数で来場者数をカウントしています。

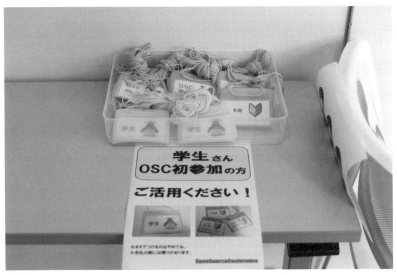

■ 通常の名札のほか、学生やOSC初参加の人には違う色の名札を用意しています。

■ 懇親会の受付も忘れずに

　事前に懇親会の参加申し込みをしている場合、早めに懇親会の受付も済ませましょう。ただ、朝早い時間だと懇親会の受付まで準備ができていないこともあります。その場合には後で忘れず受付をするようにしてください。都合で参加できず、当日キャンセルになってしまう場合は、できるだけ早くその旨を申し出てください。キャンセルが早めにわかれば、当日キャンセル待ちの人を早めに繰り上げられるようになります。

17-5　セミナーに参加する

　セミナープログラムを確認し、それぞれのセミナーが行われる会場でセミナーを受講します。疑問点があれば、セミナー最後の質問タイムや、セミナー終了後に講師に直接質問してみるとよいでしょう。

17-6　ブース展示を回る

　セミナーの合間や予定した時間にブース展示を回りましょう。慣れないうちは、とりあえず眺めるだけでも、興味のある配付資料をもらったりする程度でもよいでしょう。「何を展示してるんですか？」という程度に質問すれば、説明してもらうこともできます。

　配布しているノベルティグッズがほしいなと思ったら、一声かけてもらっていきましょう。その場合は、説明を聞いたり、質問したりするのも忘れずに。そのほか、見本書籍を立ち読みしたり、自由配布物コーナーに立ち寄って資料を持ち帰ったりしてもよいでしょう。

17-7　ライトニングトークを聞く

OSCの最後には、たいていライトニングトーク大会が開催されます。各セミナー会場に分かれていた参加者も集まり、コミュニティとしての一体感が最も感じられる時間です。また、セミナーで話されていたこととはひと味違う発表も多いので、きっと楽しめるでしょう。

17-8　懇親会に参加する

OSC終了後は、ぜひ懇親会に参加しましょう。セミナー講師や、ブース展示で会話した人がいれば、積極的に近くに行くとよいでしょう。最初は周りの会話を聞いているだけでも問題ありません。

初めての参加で知り合いがいない、誰と話していいのかわからないという場合には、運営スタッフに声をかけてみてください。興味のある分野に詳しい人や、初参加の人を特に歓迎してくれる人を紹介して、懇親会を楽しんでもらうようにしています。

17-9　SNSで発信する

OSCに参加中、あるいは家に帰った後には、少しでもいいので感想などをSNSなどで発信してください。

17-10　OSCに参加するときに持って行きたいもの

OSCに参加するとき、ぜひ持っておきたいものをまとめてみました。

- 名刺

  名札に入れたり、セミナーの講師やブースで名刺交換したりすることも多いので、名刺は忘れずに。会社の名刺を出すのが憚られるようなら、個人名刺を配っている人も結構いるので、これを機に作ってみてもよいかもしれません。

- 羽織れるもの

    特に夏場は少し強めに会場の空調を入れるので、席によっては冷えるかもしれません。薄手の羽織れるものを持ってきておくとよいでしょう。

- カバンは両手が空くものを

    カバンは背負うか、肩にかけられるものにして、両手が空いている状態にするのがよいでしょう。配布物などはA4サイズがほとんどなので、そのまま入れられるサイズのものがよいでしょう。

- 飲み物

    会場によっては自販機がなかったり、飲み物が早々に売り切れてしまうこともあるので、自分でペットボトルや水筒を持ってきたほうがよいでしょう。

- おやつ

    小腹が空いたときに食べるおやつもあるとよいでしょう。おやつはコミュニティのブースで遠来の出展者がお土産を配っていたりすることもあるので、見つけたら1つもらってみましょう。「OSCといえばカントリーマアム」という謎の言葉があるぐらい、受付にはなぜかカントリーマアムが置いてあったりします。ご当地カントリーマアムがあったら差し入れしてみてもいいかも？

■ 「OSCといえばカントリーマアム」ということで、関西の高校生が名古屋での開催にわざわざお土産を差し入れしてくれました。

● 懇親会に差し入れのお酒やつまみ

懇親会をOSC会場でそのまま行う場合などは、参加者がそれぞれ美味しいお酒やつまみなどを持ち寄っています。わざわざ買ってくる人もいますが、手元に余っているものがあれば、それを持ってくるのでもよいでしょう。

あとがき

　20年前にOSCをスタートしたときには、とにかく長続きするイベントにしたい！ということで仕組みを考えました。途中、微調整は行ってきていますが、基本的な仕組みはほとんど変えずに開催を続けてくることができました。ただただ毎回をしっかりと開催することだけを考えていたので、いつの間にか20年経っていたと感じています。また、できるだけシンプルにすることを心がけていましたが、こうして1冊の本にまとめてみると、意外といろいろなことを考えながら開催してきたのだと気づかされました。私自身、本書を執筆することで、OSCという在り方を再発見した想いです。本書の内容が、OSCに関わっている人はもちろん、コミュニティを運営したい人、企業でマーケティングを行っている人の役に立てば幸いです。

　今回、書籍をまとめるにあたり「OSCと私」というお題で寄稿をお願いしたところ、OSCに関わる多くの人に執筆していただけました。さまざまな立場から寄稿いただいたので、多面的にOSCというイベントやコミュニティ活動について理解してもらえるのではないかと思います。改めて、お名前を挙げておきます。あっきぃ（大内 明）さん、大神 祐真さん、新田 淳さん、ニャゴロウ陛下（小笠原 種高）さん、石本 達也さん、内田 太志さん、Tamさん、きむら しのぶさん、三谷 篤さん、山本 貴司さん、近藤 昌貴さん、稲葉 一彦さん、木下 兼一さん、下農 淳司（himorin）さん、松澤 太郎（smellman AKA. btm）さん、坂井 恵（@sakaik）さん（掲載順）、ありがとうございました。また、怪しくもステキな推薦コメントを寄せていただいた、まつもとゆきひろさんにも感謝します。

　株式会社秀和システムの西田 雅典さんには、書籍の企画から出版まで大変お世話になりました。西田さんは、OSCの最初期のころから会場にも足を運んでくれていて、いろいろと一緒に活動してきました。20年の節目に本書の出版というお仕事を一緒にできたことをうれしく思っています。

■ 2004年の第1回OSCの懇親会の様子。オープンソース関連の書籍を刊行している出版社の人に登壇いただきました。中央が西田さん。みんな、若いなー。

　OSCはまだまだこれからも続いていくでしょう。また、OSCで学んだ人が、いろいろなコミュニティを立ち上げたり、各地でイベントを開催したりすることもたくさんあると思います。そのような場で、本書を読んでくれた皆さんとお会いできるのを楽しみにしております。

合言葉は「幸せになろう」

2024年8月

宮原 徹

著者プロフィール

宮原 徹（みやはら とおる）

1972年、神奈川県平塚市生まれ。大学生時代にパソコン通信の草の根ホスト運営などを通じてコンピューター通信の可能性に気づき、中央大学法学部卒業後に日本オラクル株式会社に入社。PCサーバー用RDBMSの製品マーケティングやWebマスター、Webアプリケーションサーバーの開発などに従事。Linux版Oracle 8のリリースに関わったことをきっかけに、オープンソースソフトウェア関連ビジネスに携わるようになる。ベンチャー企業への転職後、2001年にネットワークエンジニア育成を志して株式会社びぎねっとを設立。2004年9月からオープンソースカンファレンスを開催し、20年間、企画運営担当として全国を飛び回る。2006年には日本仮想化技術株式会社を設立し、普及し始めた仮想マシン環境のエンタープライズ利用についてのコンサルティングなどを行い、現在ではクラウドの活用、自動化、DevOpsなどのコンサルティングを行っている。

オープンソースカンファレンスでは、初期の頃は「日本viユーザー会」「日本Sambaユーザー会」などのコミュニティメンバーとして活動を行う。最近では、Raspberry Piで音楽を再生する「ラズパイオーディオの会」で活動を行っている。

2024								2023					
7		6	5	4	3		1	12		11		10	
234		233	232		231	230	229	228	227	226	225	224	223
OSC2024 Kyoto		OSC2024 Hokkaido	OSC2024 Nagoya	オープンソースアンカンファレンス 2024 Kawagoe	OSC2024 Tokyo/Spring	OSC2024 Online/Spring	OSC2024 Osaka	OSC2023 Yamaguchi	OSC2023 Fukuoka	OSC2023 Niigata	OSC2023 Hiroshima	OSC2023 Shimane	OSC2023 Tokyo/Fall
MySQL 9.0 リリース				MySQL 8.4 リリース			Google、Bard から Gemini に改名し、一般公開	Ruby 3.3.0 リリース	Copilot、Bing で利用可能に				
パリオリンピック	CrowdStrike 製ソフトウェアに起因する大規模なシステム障害発生	新紙幣発行				第5回WBC	能登半島地震						藤井聡太、将棋タイトル戦全八冠制覇

2023											2022		
9	8	7	7	6	6	5	5	4	3	1	11	11	10
222		221	220	219	218	217	216	215	214	213	212	211	210
OSC2023 Online/Fall	オープンデベロッパーズカンファレンス2023	OSC2023 Online/Kyoto	OSC2023 Kyoto	OSC2023 Hokkaido	OSC2023 Online/Hokkaido	OSC2023 Nagoya	OSC2023 Online/Nagoya	OSC2023 Tokyo/Spring	OSC2023 Online/Spring	OSC2023 Online/Osaka	OSC2022 Online/Fukuoka	OSC2022 Online/Nagaoka	OSC2022 Online/Fall
Windowのアップデートにより、Copilotが組み込まれる			Twitter、Xにリブランド						OpenAI、GPT-4を正式リリース	Ruby 3.2.0 リリース	OpenAI、GTP3.5を利用したChatGPTのプロトタイプを公開		
						新型コロナウイルス感染症の5類感染症移行			第5回WBC			FIFAワールドカップカタール大会	

	2022										2021		
	10	9	8	7	6	5	4	3	2	1	11	10	
	209		208	207	206	205	204	203		202	201	200	199
	OSC2022 Online/Hiroshima	オープンデベロッパーズカンファレンス2022 Online	OSC2022 Online/Yamaguchi	OSC2022 Online/Kyoto	OSC2022 Online/Hokkaido	OSC2022 Online/Nagoya	OSC2022 Online/Aizu	OSC2022 Online/Spring		OSC2022 Online/Osaka	OSC2021 Online/Fukuoka	OSC2021 Online/Fall	OSC2021 Online/Niigata
	Linuxカーネル6.0リリース				Internet Explorer 11 サポート終了					Ruby 3.1.0 リリース	GitHub Copilot、開発者向けに提供開始		WIndows 11リリース
				安倍元首相襲撃事件			改正民法施行、成人年齢が18歳に	ロシア、ウクライナ侵攻	北京オリンピック			岸田内閣発足	

2021								2020					
9	8		7	6	5	3	1		12	11	10	9	8
198	197		196	195	194	193	192		191	190	189	188	187
OSC2021 Online/Hiroshima	OSC2021 Online/Aizu	オープンデベロッパーズカンファレンス2021 Online	OSC2021 Online/Kyoto	OSC2021 Online/Hokkaido	OSC2021 Online/Nagoya	OSC2021 Online/Spring	OSC2021 Online/Osaka	オープンデベロッパーズカンファレンス2020 Online	OSC2020 Online/Fukuoka	OSC2020 Online/Aizu	OSC2020 Online/Fall	OSC 2020 Online/Hiroshima	OSC 2020 Online/Kyoto
						スーパーコンピュータ「富岳」本格運用開始	Raspberry Pi Pico発表	Ruby 3.0.0 リリース					
デジタル庁発足			東京オリンピック						バイデン大統領就任			菅内閣発足	

									2020										2019				
7	6		5		4		2	1	11		10		
186	185	中止	184	中止	183	中止	中止	182	181	180	179	178	177
OSC 2020 Online/Niigata	OSC 2020 Online/Hokkaido	OSC 2020 Hokkaido	OSC 2020 Online/Nagoya	OSC 2020 Nagoya	OSC 2020 Online/Spring	OSC 2020 Hamanako	OSC 2020 Tokyo/Spring	OSC 2020 Osaka	OSC 2019 Tokyo/Fall	OSC 2019 Fukuoka	OSC 2019 Tokushima	OSC 2019 .Enterprise	OSC 2019 Niigata
						楽天モバイル、サービス開始	新型コロナウイルス感染症が拡がる	Microsoft Edge 正式版が提供開始	Ruby 2.7.0 リリース				
東京オリンピック延期						新型コロナウイルス感染症、緊急事態宣言					首里城で火災		消費税引き上げ（8％→10％）

2019											2018		
9		8		7	5	4	3	2	1		12		11
176	175		174		172	171		170	169	168	167	166	165
OSC 2019 Shimane	OSC 2019 Hiroshima	オープンデベロッパーズカンファレンス 2019 Tokyo	OSC 2019 Kyoto	OSC 2019 Hokkaido	OSC 2019 Okinawa			OSC 2019 Tokyo/Spring	OSC 2019 Hamanako	OSC 2019 Osaka	OSC 2018 .Enterprise	OSC 2018 Fukuoka	OSC 2018 Shimane
				第1回 技術書同人誌博覧会（技書博）			Linuxカーネル5.0リリース				Ruby 2.6.0リリース		
					新天皇即位、新元号「令和」に							羽生善治、27年ぶりの将棋タイトル戦 無冠に	2025年大阪万国博覧会開催決定

	2018												2017
11	10	9	8		7	6	5	4		2	1	12	
164	163	162	161		160	159	158	157		156	155	154	153
OSC 2018 Niigata	OSC 2018 Tokyo/Fall	OSC 2018 Kagawa	OSC 2018 Hiroshima	オープンデベロッパーズカンファレンス 2018 Tokyo	OSC 2018 Kyoto	OSC 2018 Hokkaido	OSC 2018 Okinawa	OSC 2018 Nagoya	オープンソースアンカンファレンス 2018 Kawagoe	OSC 2018 Tokyo/Spring	OSC 2018 Hamanako	OSC 2018 Osaka	OSC 2017 .Enterprise
		Microsoft、GitHubを買収				TikTok、musical.lyと合併し、世界展開			MySQL8.0リリース				Ruby 2.5.0リリース
		築地市場から豊洲市場に移転	北海道胆振東部地震			EUがGoogleに制裁金	FIFAワールドカップ ロシア大会			平昌オリンピック			

2017

11	10			9		8		7	6	5	4	3	2
152	151	150	149	148	147		146	145	144	143		142	141
OSC 2017 Hiroshima	OSC 2017 Nagaoka	OSC 2017 Shimane	OSC 2017 Fukuoka	OSC 2017 Tokyo/Fall	OSC 2017 Chiba	オープンデベロッパーズカンファレンス 2017 Tokyo	OSC 2017 Kyoto	OSC 2017 Hokkaido	OSC 2017 Okinawa	OSC 2017 Nagoya	オープンソースアンカンファレンス 2017 Kawagoe	OSC 2017 Tokyo/Spring	OSC 2017 Hamanako
	『Nature』の論文で、AlphaGo Zeroを発表									AlphaGo、「世界最強の棋士」柯潔と対戦し、3戦3勝			
	衆院選で自民党大勝、民進党が分裂。立憲民主党、希望の党が結成								「共謀罪」法、成立			第4回WBC	

2017	2016												
1	12	11			10	8		7	6		5	4	
140		139	138	137	136	135	134	133	132	131	130	129	
OSC 2017 Osaka		OSC 2016 Hiroshima	OSC 2016 Fukuoka	OSC 2016 Tokyo/Fall	OSC 2016 Nagaoka	OSC 2016 Shimane	OSC 2016 .Enterprise	OSC 2016 Kyoto	OSC 2016 Okinawa	OSC 2016 Hokkaido	OSC 2016 Nagoya	OSC 2016 Gunma	オープンソースアンカンファレンス 2016 Kawagoe
	Ruby 2.4.0 リリース								ポケモンGo配信開始	第1回 技術書展			
	藤井聡太、史上最年少でプロ棋士に。デビュー戦は、加藤一二三九段			トランプ大統領就任		「山の日」導入	リオデジャネイロオリンピック			新元素Nb（ニホニウム）と命名			井山裕太、囲碁七大タイトル全冠独占

2016					2015								
4	3	2	1		12	11	10		9		8		7
		128	127	126	125	124	123	122	121	120	119	118	
		OSC 2016 Tokyo/Spring	OSC 2016 .Enterprise @ Osaka	OSC 2016 Hamanako	OSC 2015 .Enterprise	OSC 2015 Tokushima	OSC 2015 Tokyo/Fall	OSC 2015 Fukuoka	OSC 2015 Hiroshima	OSC 2015 Niigata	OSC 2015 Shimane	OSC 2015 Kansai@Kyoto	
AlphaGo、トップ プロ棋士の李世乭と対戦し、3戦3勝	micro:bit 一般販売開始				Ruby 2.3.0 リリース	Visual Studio Code リリース	MySQL5.7リリース	AlphaGo、囲碁のヨーロッパ王者ファン・フイと対戦し、5戦5勝					Kubernetes 1.0 リリース
熊本地震	北海道新幹線開業				日本人科学者2人がノーベル賞受賞	ISILによるパリ同時多発テロ	マイナンバー制度運用開始		国連サミットでSDGs採択	安全保障関連法、成立			東芝不正会計で歴代社長辞任

2015									2014				
7	6	5	4		2		1		12		11	10	9
117	116	115			114	113	112		111		110	109	108
OSC 2015 Okinawa	OSC 2015 Hokkaido	OSC 2015 Nagoya	オープンソースアンカンファレンス 2015 Kawagoe		OSC 2015 Tokyo/Spring	OSC 2015 Hamanako	OSC 2015 Oita		OSC 2014 .Enterprise	オープンソースアンカンファレンス 2014 Kagoshima	OSC 2014 Fukuoka	OSC 2014 Tokyo/Fall	OSC 2014 Hiroshima
Windows 10リリース			Apple Watch発売	Linuxカーネル4.0リリース				サイバーセキュリティ基本法施行	Ruby 2.2.0リリース				
			大阪都構想、住民投票で否決	北陸新幹線、開業				イスラム過激派がパリの新聞社を襲撃（シャルリー・エブド襲撃事件）		STAP細胞、捏造問題発覚		青色LEDの発明で、日本人科学者3人がノーベル賞受賞	御嶽山、噴火

2013	11	97	OSC 2013 Fukuoka		
		98	OSC 2013 Oita		
	12	99	OSC 2013 .Enterprise	Ruby 2.1.0リリース	
2014	1			Google、DeepMind Technologiesを買収	
	2	100	OSC 2014 Tokyo/Spring	マウントゴックス社が閉鎖	ソチオリンピック
	3	101	OSC 2014 Hamanako		ロシア、クリミアを編入
	4				消費税引き上げ（5%→8%）
	5		オープンソースアンカンファレンス 2014 Kawagoe		
		102	OSC 2014 Okinawa	MicroPython 1.0リリース	
	6	103	OSC 2014 Hokkaido		
	7	104	OSC 2014 Nagoya		
	8	105	OSC 2014 Kansai@Kyoto		FIFAワールドカップ ブラジル大会
		106	OSC 2014 Shimane		
	9	107	OSC 2014 .Enterprise@Osaka		

2013												2012
10	9	8			7	6	5	3		2		12
96	95	94	93	92	91	90	89	88	87	86	85
OSC 2013 Tokyo/Fall	OSC 2013 Hiroshima	OSC 2013 Hokkaido	OSC 2013 Shimane	オープンソースアンカンファレンス 2013 Kawagoe	OSC 2013 Kansai@Kyoto	OSC 2013 Okinawa	OSC 2013 Nagoya	OSC 2013 Cloud@Osaka	OSC 2013 Tokushima	OSC 2013 Tokyo/Spring	OSC 2013 Hamamatsu	OSC 2012 .Cloud
Windows 8.1リリース										MySQL 5.6リリース	Ruby 2.0.0リリース	
	小笠原諸島・西之島沖に新たな島が発生	東京オリンピック開催決定				富士山が世界文化遺産に登録		中国、習近平国家主席を選出	第3回WBC			第2次安倍内閣発足

2012													
12	11	10		9			8	7	6	5	4	3	
84	83	82	81	80	79	78	77	76	75	74	73	72	71
OSC 2012 Fukuoka	OSC 2012 Aizu	OSC 2012 Oita(Fall)	OSC 2012 Hiroshima	OSC 2012 Okinawa	OSC 2012 Tokyo/Fall	OSC 2012 Shimane	OSC 2012 Kansai/Kyoto	OSC 2012 .DB	OSC 2012 Sendai	OSC 2012 Hokkaido	OSC 2012 Nagoya	OSC 2012 Iwate	OSC 2012 Ehime
	Kindle Paperwhite が国内販売開始	Windows 8発売				スーパーコンピュータ「京」稼働開始							
衆議院議員選挙で自民党が勝利								ロンドンオリンピック			東京スカイツリー開業		

2012		2011											
3	2	12	11			10		9		8	7	6	5
70	69	68	67	66	65		64	63		62	61	60	59
OSC 2012 Tokyo/Spring	OSC 2012 Oita	OSC 2011 Fukuoka	OSC 2011 Tokyo/Fall	OSC 2011 Shimane	OSC 2011 .DB		OSC 2011 Hiroshima	OSC 2011 Okinawa	OSSC Aizu	OSC 2011 Nagoya	OSC 2011 Kansai/Kyoto	OSC 2011 Hokkaido	OSC 2011 Sendai
Go 1リリース	Raspberry Pi発売					第1回 将棋電王戦（プロ棋士とコンピュータ将棋との対戦）	スティーブ・ジョブズ死去				Linuxカーネル3.0リリース		
プーチン大統領就任							世界の総人口が70億人を突破		野田内閣発足		FIFA女子ワールドカップで日本が初優勝		ビンラディン殺害

2011						2010							
5	4		3		2	12	11	10		9		8	7
	58	57		56	55	54	53	52	51	50		49	48
東日本大震災支援緊急企画 OSS チャリティーセミナー	OSC 2011 Kobe	OSC 2011 Oita	OSC 2011.Goverment	OSC 2011 Tokyo/Spring	OSC 2011 Kagawa	OSC 2010 Fukuoka	OSC 2010 Shimane	OSC 2010 Niigata	OSC 2010 Okinawa	OSC 2010 Tokyo/Fall	OSC 2010.Goverment	OSC 2010 Nagoya	OSC 2010 Kansai@Kyoto
D-Wave Systems、世界初の商用量子コンピュータ「D-Wave One」を発表						MySQL 5.5 リリース				LibreOffice リリース			
		東日本大震災		九州新幹線が全線開業		東北新幹線が全線開通							参議院銀選挙で民主党が大敗

2010						2009							
6		5	3	2	1	12	11	10	9	8		7	6
47		46	45	44	43	42	41	40	39	38	37	36	35
OSC 2010 Hokkaido		OSC 2010 Sendai	OSC 2010 Kansai@Kobe	OSC 2010 Tokyo/Spring	OSC 2010 Oita	OSC 2009 Fukuoka	OSC 2009 Kochi	OSC 2009 Tokyo/Fall	OSC 2009 Okinawa	OSC 2009 Nagoya	OSC 2009 Niigata	OSC 2009 Kansai	OSC 2009 Hokkaido
		iPad発売	Oracleが、Sun Microsystems の買収を完了				事業仕分けでスーパーコンピュータ「京」が議論の対象に	Windows 7リリース				Android 端末が世界で初めて日本で販売開始	
「はやぶさ」が地球に帰還	菅内閣発足			バンクーバーオリンピック	日本航空が事実上の倒産				鳩山内閣発足	衆議院議員選挙で民主党が大勝			

2009				2008									
5	3	2	1	12	11	10	9		8	7	6		4
34	33	32	31	30	29	28	27		26	25	24	23	22
OSC 2009 Shimane	OSC 2009 Oita	OSC 2009 Tokyo/Spring	OSC 2009 Sendai	OSC 2008 Fukuoka	OSC 2008 Okinawa	OSC 2008 Tokyo/Fall	OSC 2008 Shimane		OSC 2008 Nagoya	OSC 2008 Kansai	OSC 2008 Hokkaido	OSC 2008 .DB	OSC 2008 Nagaoka
			Bonanza、ソースコード公開	MySQL 5.1リリース		Androidリリース	Google Chromeリリース			iPhone 3G発売（日本上陸）			GitHubサービス開始
裁判員裁判始まる	第2回WBC			オバマ大統領就任		日本人4人にノーベル賞	麻生内閣発足	リーマン・ショック	北京オリンピック			秋葉原通り魔事件	

2008		2007										2006	
2		12	11	10		9	7	6	3	1		12	11
21	20	19	18	17	16		15	14	13	12		11	
OSC 2008 Tokyo/Spring	OSC 2008 Oita	OSC 2007 Fukuoka	OSC 2007 Okinawa	OSC 2007 Niigata	OSC 2007 Tokyo/Fall		OSC 2007 Kansai	OSC 2007 Hokkaido	OSC 2007 .DB	OSC 2007 Tokyo/Spring	Windows Vista リリース	OSC 2006 Okinawa	
Sun Microsystems が MySQL AB を買収			Amazon Kindle 1 がアメリカで販売開始						iPhone 発売		VirtualBox、オープンソース版リリース	Wii 発売	PlayStation 3 発売
					日本郵政グループ発足	福田内閣発足	サブプライムローン問題発覚					民放全局で地上波デジタル放送を開始	

2006							2005						
10	9	7		6		2	11	10	9	7	6	4	3
10		9	8	7	6		5		4	3			2
OSC 2006 Tokyo/Fall		OSC 2006 Hokkaido	OSC 2006 .DB	OSC 2006 Niigata	OSC 2006 Spring		OSC 2005 Okinawa		OSC 2005 Tokyo/Fall	OSCin Hokkaido			OSC 2005
Google、YouTUbeを買収		Twitterサービス開始			ソフトバンク、ボーダフォン日本法人買収			MySQL5.0リリース			コンピュータ将棋、Bonanza公開	Git 開発開始	YouTubeサービス開始
携帯電話のMNP開始	第1次安倍内閣発足			FIFAワールドカップドイツ大会	第1回WBC	トリノオリンピック						JR福知山線脱線事故	「愛・地球博」開幕

2004				2003		2002					2001	
12	10	9	8	11	3	12	11	9	5	2	11	9
		1										
		OSC 2004										
ニンテンドーDS、PlayStation Portable発売	MySQL4.1リリース			Cobalt Server OSS化、BlueQuartzリリース／Fedora coreバージョン1リリース	MySQL4.0リリース	関西オープンソース＋フリーウェア2002開催	BSDカンファレンス2002開催	Firefoxリリース			Windows XPリリース	
	新潟県中越地震	日本プロ野球選手会ストライキ実施	アテネオリンピック		イラク戦争勃発				FIFAワールドカップ 日韓大会	ソルトレークシティオリンピック		アメリカ同時多発テロ事件

年	2001	2001	2000	2000	2000	1999	1999	1999	1998	1998	1998	1983
月	4	1	9	7	4	11	3	1	12	7	2	9
OSC回数												
OSCのできごと		株式会社びぎねっと設立										
コンピューター業界のできごと		MySQL 3.23リリース	Windows Meリリース	MIRACLE LINUX 1.0リリース	PHPカンファレンス2000開催	オープンソースまつり '99 in 秋葉原開催	LinuxWorld Conference Japan '99 開催	MySQL 3.22リリース	Linux Conference '98 開催	Windows 98 リリース	「オープンソース」という言葉が生まれる	GNUプロジェクト開始
日本・世界のできごと	小泉内閣発足		シドニーオリンピック	三宅島噴火	森内閣発足			EUの単一通貨ユーロ導入		小渕内閣発足	長野オリンピック	

カバーデザイン：spaicy hani-cabbage

OSCクロニクル

発行日	2024年 9月 4日	第1版第1刷

著 者　宮原　徹
　　　　みやはら　とおる

発行者　斉藤　和邦

発行所　株式会社　秀和システム
　　　　〒135-0016
　　　　東京都江東区東陽2-4-2　新宮ビル2F
　　　　Tel 03-6264-3105（販売）Fax 03-6264-3094

印刷所　日経印刷株式会社

©2024 MIYAHARA Toru　　　　　　　　　Printed in Japan

ISBN978-4-7980-7275-3 C3055

定価はカバーに表示してあります。
乱丁本・落丁本はお取りかえいたします。
本書に関するご質問については、ご質問の内容と住所、氏名、電話番号を明記のうえ、当社編集部宛FAXまたは書面にてお送りください。お電話によるご質問は受け付けておりませんのであらかじめご了承ください。